與其替老闆
賣命
不如為自己
拚命

台灣科技創新教父
給青年的
20堂創業課

陳良基——總策劃

楊雅惠、魏妤庭、許瑞福——採訪撰文

推薦序——

讓青年創業成為價值再造的機會

台灣大學國際企業學系教授
兼台大創意與創業中心主任　李吉仁

如果要說近幾年來大學校園有何新鮮事，「推動創意與創業教育」肯定是列名前茅的項目。事實上，加速發展產業創新與創業活動，不僅是政府不同部會的共同施政重點，對岸更於全國推動「大眾創業、萬眾創新」的政策，讓創新創業儼然成為兩岸最具共識的「全民運動」。本書所呈現的十七個青年創業故事，正是在此一背景下誕生的案例；雖然這些創業經驗多數是發生在台大校園，但其內涵也反映了台灣新世代投身創業的甘苦與學習。

二〇一三年中，個人因緣際會從本書總策劃，陳良基教授手上接任台大創創學程主任一職，因而有機會參與推動校園創業教育的工作，以及隨後的創業生態建構任務。幾年下來，個人深刻感受到，要有效協助菁英學生走上創業這條路，要克服的不是資源資金的多寡、或能力有無的問題，而是學生長久以來的學習慣性，以及創業失敗的機會成本問題。

誠如書中幾位先進所提及，在日趨嚴謹的考試制度引導教育模式下，我們造就出越優秀的學生、越精於計算對錯與得失，尋求標準答案的制約，無形中削弱批判思考能力，不敢犯錯的內在慣性，更降低敢突破匡架的勇氣。偏偏創業這條路是沒有標準答案可依循的，不僅前輩創業家的成功方程式因時空差異而不再可行，即便複製別人的創新做法，也未必會有相同的結果。因此，許多學生在強調「構想、驗證、學習」循環的精實創業學習過程中，幾次挫折便會因失去憧憬（或耐心）、而失去再起的動能。

事實上，創業只是學生畢業後的選項之一，面對手上有大企業工作機會或是出國深造選項，優秀學生隨著離開學校時間的接近，選擇創業的「機會成本」便無形中墊高。加上，許多家庭傳統上對子女就業與深造有不小的期待，以及同學間對大小公司仍存有「顏面」差別，因此，除非自己參與的新創團隊即將看到「黑暗隧道」的盡頭，否則，就業的現實常使得團隊走上「分道揚鑣」、「後會有期」的結局。

在這樣的背景下，本書中所呈現的十七個學生創業故事，可說是都很難得地度過了學生創業的「天險」，究其原因，除了都有一兩位核心創業者，憑藉著對創業信念的堅持而持續前行外，能夠及時得到有用的創業輔導與支持性資源，應該是不可或缺的關鍵元素。這些如貴人般的家人、業師、導師、天使投資人、車庫、SVT等，更是團隊在漫長的創業隧道中，能夠持續看到隧道盡頭曙光的激勵力量。

儘管如此，創業能夠成功的機率仍低；因為當這些團隊越往市場端前進，需要對接的商業經驗、產業規模化資源與早期（風險）資金來源，不僅存在不低的交易成本，也超過學生創業團隊的經驗值範圍。因此，如何建立有效的創業加速器（startup accelerators）方案，結合願意提供手把手輔導經驗的創業導師，以及願意積極投資併購具潛力新創團隊的大企業，將會是台灣創業環境能否提升競爭力的關鍵；也惟有合力促進把創業的「機會成本」降低，創業動能與成功的可能性才會有效的提升！

最後，感謝書中作者提供的灼見與智慧，讓我們了解創業的真意在創造現狀改變的可能性。創業能驅動的改變，不單只是多幾個新產品或多幾家新公司，更重要的是，透過創業實踐過程，帶動跨領域學習，有效縮短產學落差，促成跨世代攜手合作、新舊企業協力共創，讓青年創業成為產業價值再造的新選項。想想，美國光是谷歌與臉書這兩家學生創業的企業，不僅迄今合計市值已超過九千億美元，更引領了數位媒體與數位社群的新版圖。如果我們都想讓這樣的選項成真，努力打造台灣成為更具激勵誘因、更為包容失敗、更加利他的創業生態環境，絕對是當務之急！

推薦序——

決心、動手、努力終究為快速持續成長的必要條件

台大車庫總監　柳育德

這幾年來看過一百多隊的新創團隊，努力嘗試將初始的構想打造成使用者滿意的產品，並進一步通過市場的考驗，從創意邁向創業。對於早期的創業團隊來說，這段路上必須不斷的修正初始構想、產品、乃至商業模式，背後的變因除了每個團隊的背景、能力都各自不同，再加上許多時機與環境造成的幸運與遺憾，平心而論，很難找到一套通用的生存（成功）公式。但在幾個表現突出的團隊中，我們仍然能發現，決心、動手、努力是所有優秀團隊的共同特性。本書集結了台灣新創生態系各領域中的拓荒者，分享他們創業的初衷與過程，讀者可以透過每個人不同的故事，還原

真實創業現場，擷取其中對您最切身適用的情境與經驗當成參考；也不難在縱覽每段故事之後，發現每位創業家共同擁有的都是對自己所作所為的熱愛與堅持，若您想投入創業，也請先審視自己的初衷與決心。

書中介紹的入門案例，幾乎都是台大車庫團隊或我所帶過的學生，閱讀時，彷彿翻閱台大車庫從二〇一三年成立至今的編年史。我知道這些團隊往後都還有很長的路途需要努力，但看著他們從零開始奮鬥一直到如今小有成績，常常讓我從中找到繼續耕耘，培養年輕人才的動力。台大車庫將創業視為鼓勵年輕人探索自我並衝擊社會的載具，我們將自己定位在最早期且多元的新創孵化器。重視新創團隊的可能性、成長性與多元性，提供年輕人舞台與資源，協助他們做的用力、走的越遠、學的越深。我認識書中許多團隊的創辦人三、四年以上，看著他們一開始僅憑自己熱情稚嫩的理想跳入戰場，一路成長至今，始終堅定的往前邁進，眼神內斂、談吐成熟，讓我不得不相信這幾年的學習與磨練，在未來必能讓他們持續發光發熱。

從創意到創業是一條需要努力克服層層難關的長路，從創業到永續經營，則需要培養更多獨特的競爭優勢。從本書的案例故事中，我們可以發現台灣有許多年輕能量正在萌發，但我們若能將這些能量聚焦於關鍵科技與未來趨勢，並連結台灣原有的豐沛資源，協助年輕能量加速成長，建立新一波領頭企業，那台灣未來必然能更為光明樂觀。年輕世代需要的不是限制與指導，而是更大的舞台與協助。我始終相信我們的未來不是在年輕世代身上，而是跨世代的連結。感謝許多擁有前瞻視野的師長建立了台大車庫的基礎，讓我們能持續向這目標努力，希望本書中每位創業家用心用力實踐熱情的故事，也能點燃所有讀者心中的火苗，和我們一起創造更好的未來。

序——

創業的熱情

總策畫　陳良基

在上一本書《創新的人生》裡談到「以始為終」的觀念，這是我一直以來的信念。在作任何研究之前，我都會先以「以始為終」為前提來檢視，再開始進行。什麼是「以始為終」呢？就是先考量結果與效益，盡量往長遠的發展方向思考，假設一切都很順利，終於達到終點了，那時候的那個結果，是不是自己衷心期盼的終點。依未來預定的終點為需求，訂出階段目標，朝著目標堅持熱情，勇往直前。也許有人會說「熱情」相當抽象，但我覺得找到發自內心想要去做的動機，然後持續地進行，就是「熱情」。就像研究是我的專業，自從我發現研究的成品不只存在於論文、教室裡，而是可以轉移到生產線上，變成一件件產品，提供給社會上各個角落的人，讓我產生了非常大的動力，並一直不斷地鼓舞著我繼續往前進。

這樣源源不絕的熱情，不僅鼓舞了我，也會感染所有的團隊成員，所以我們常常能互相鼓舞，一再研究、創新，也就比較容易有輝煌的成果。

身為大學老師，我希望將所學的專業教給學生外，更希望將自己的經驗分享給學生，引發他們對於生命，以及貢獻社會的熱情。我相信訓練出一批有想法、有能力的未來領導者，會讓台灣的未來更有希望。我相信，不論是哪一種專業，只要找到熱情與方法，都可以為社會付出，做有意義的事情。

我在台大電機系開設了一門「高科技創業與營運」課程，這個課程也開放給其他科系的學生。申請這門課程的學生，必須要團隊合作完成創業計畫書。學期中我會觀察他們的人格特質、企圖心還有認真程度。有些人非常確定自己要什麼，有些人有強烈的熱情，但是不知道如何著手。這樣的同學都很容易透過協助，激發出堅持的熱情。比較困難的是，萬一學生是沒有熱情的呢？

要怎麼誘導沒有熱情的學生呢？一開始我會請他們找出「why」（為什麼）。不是問為什麼你會沒有熱情？而是要問：「你覺得社會有什麼需要改變的？我們可以為這個改變做點什麼嗎？生活上有什麼不便利的地方，也就是所謂的痛點（pain）？我們可以整合哪些資源來改變它嗎？」我請他們反思自己每天除了讀書考試外，有沒有找出機會仔細觀察周遭呢？如果不用「理所當然」的眼光，每天生活的四周其實就有各式各樣的事情與需要正在發生，有人喝飲料噎到，那是不是吸管做得不好？有人走在人行道跌倒，又是不是磚塊中的縫隙粘合有狀況……各式各樣的小問題其實都是需要，也都是大發現的開始。如果再加上點想像力，觀想五年、十年後的生活樣態，一定會發現有很多新的需求在等著我們用力去開發。

前陣子新聞報導，一位台大經濟系畢業生看準了台灣缺少可以聚會的桌遊遊戲空間，便與同學湊足了二十萬開設桌遊店。目前他已經成為了三間店的老闆，此外他更將桌遊與教育結合，到學校、救國團、運動中心開設桌遊教學班，也到大學特教系開設人際開發或提升兒童專注力的課程，幫助大家從「玩中學」。桌遊，原本只是一項他個人的興趣，而他從興趣中發現了創業商機，之後克服各種創業困難，持續進行，還不斷尋找各種發展的可能，這就是充滿熱情的寫照。

曾有學生問我，「一定要創業嗎？我在公司上班難道不會擁有熱情？」我覺得那不是創不創業的問題，而是取決於你的心態和想法。每個人的個性、特質都不一樣，而正是因為不一樣，所以充滿了挑戰，而創業正是認清自己也認清未來的機會。學習創業是給你一個有刻度的靶，讓你可以投入深不見底的湖泊裡去探測去了解湖有多深。認識創業所需要的熱情、能力，還有面對困難的勇氣以後，不論是替人作嫁，或是為自己工作，本質上都是一樣的。帶著創新的想法去公司上班，便可以為公司帶來創新的改變，持續擁有新的價值。無論能力大小，只要能夠發揮所長，對一些人有幫助，那就是有意義的人生。

這本書中，就是蒐集十七個勇敢踏出第一步的創業團隊親身的體驗，期待透過年輕朋友的現身說法，做為大家觀摩的機會。也許他們不見得一路都順暢，但是，越年輕時跌倒，越容易立刻翻身爬起來，也就更容易讓自己真正具備改變社會的能力！你，也可以做到！

目錄

PART 1

創意心法：

想加入新創圈？你不可不知的必備心法

PART 2

創新故事：

破壞式創新天翻地覆，創意如何落實為創業？聽聽他們怎麼說

PART 3

創意思維：創新三要素：同理心、觀察力、實踐力

PART 1

創意心法

想加入新創圈？
你不可不知的必備心法

LESSON 1

創業的起點是換位思考：
創業不要怕失敗，
我們要多給年輕人機會

BoniO

公司簡介：「BoniO」（幫你優）公司，於二〇一四年創建，期望創造增進學習效果的最佳軟體。PaGamO為公司第一個專案，命名來自台語（打Game學），為全球第一個結合教學的多人線上遊戲，並擊敗來自四十三個國家、四百二十七個各國名校團隊，獲得全球第一屆的教學創新大獎「Reimagine Education」冠軍。

網站：www.pagamo.org

創立時間：二〇一四年。

創立經過：葉丙成身為台大MOOC（Massive Open Online Courses，大規模開放式線上課程）計畫執行長，開設Coursera第一門華語課程「機率」，並領導開發出MOOC課程專用的PaGamO線上遊戲，獲得全球第一屆的教學創新大獎冠軍。二〇一四年創辦「BoniO」（幫你優）公司，期望創造結合遊戲增進學習效果的最佳軟體。

商業模式：公司產品銷售。

BoniO 共同創辦人葉丙成

如果要談創業最具體的建議，我會說好的「人才」是最重要的。對創業者而言，台灣不是雪中送炭的社會，空有好創意是沒有用的。特別是創業者，你要說服投資者來支持你，要有好的故事、好的說法，能夠打動投資者。很多投資者看的不是點子，看的是「人」。在你和投資者提案的時候，是不是真的能打動投資者的心呢？

再來，你的創意真的能解決問題嗎？如果只是有一個很炫的點子、很棒的創意，但是無法解決任何問題，不會有人支持你的創意。我常說：「問題就是創業的契機」，但是台灣很普遍的情況就是，大家碰到問題就忍耐或轉彎，很多創新的契機就沒了，這點非常可惜。成功的創業者往往是能洞燭先機，就是大家都沒有看出問題的時候，他卻能看出背後的問題。

台灣年輕人要培養換位思考的能力

舉例來說，就像是史帝夫・賈伯斯，很多人說「他比消費者還要了解消費者」，當然我們不是每個人都能變成賈伯斯，但這可以給我們一個提醒，就是去找出消費者需要的是什麼，這是一種解決問題的方式，也是一種「換位思考」。台灣的教育體系很可惜的一點就是功利主義，我們的家長只希望年輕人把書讀好、考試滿分，焦點永遠是自己，大家很少去觀察周遭他人的需求或問題。我們無法「換位思考」，就看不到別人的需求。現在有很多人能力很強，但卻看不到別人的需求。空有一身專業能力，做的東西卻無法打動消費者，最後只能淪為「自我感覺良好」。這樣的商品當然無法打動人心。

我在台大開簡報課，很多人都以為那只是在教簡報。其實，我的簡報課真正要訓練的，是透過簡報來養成學生換位思考的能力：如何從別人的角度去看自己的商品。簡報只是一個媒介，我真正想訓練的是「換位思考」

這件事，我認為這是台灣社會沒幫年輕人培養的能力，但這對有志於創新創業的人尤其需要。台灣的教育體系必須開始幫年輕人培養這些能力，讓更多人能從別人的角度思考，換另一種角度看事情。這種能力無論在行銷或是開發產品上，都是非常重要的。

這些能力除了透過簡報來訓練，還有另一個方式就是「觀察」，用心去觀察，面對各種不同的人、事、時、地、物，每個人會有怎樣不同的反應。當你有愈敏銳的觀察能力，就能夠針對不同的族群與差異去擬定應對的策略。除了「觀察」，也需要去接觸各種不同背景的人，表面的觀察不如深度的了解，真正去接觸、了解每個人的想法、以及作出決定時背後的成因等等，做好「人」的功課是最重要的。

「觀察」的能力如何培養呢？我認為「個性」其實有很重要的影響，每個人培養觀察能力的方式不一樣，我自己是滿喜歡閱讀傳記的。對我影響最大的書是司馬遼太郎的《龍馬行》和《德川家康全傳》，作者非常會描述德川家康的內心小劇場，也許只是一個決定，他就能夠寫到幾十頁的篇幅；我自己在作決策的時候也會在內心沙盤推演好幾回。「閱讀」能夠幫助我們思考和觀察，我不確定是否適用於每個人，但是文學對我的影響確實是滿大的。

創業絕對不要怕失敗，失敗也是一種投資

「創業」的定義是什麼？不一定是成立公司才叫創業，也不一定是賺錢才叫創業，我認為你能夠把一件事從頭到尾完成，這就是一種「創業」。另外就是要有很棒的商品，要有很棒的遠景，要能打動人心。這些事情不是一蹴可幾，需要時間的累積。除了說服投資者拿出資金，包括像現在很流行的募資平台也是一樣，其實都是要回到「打動人心」這件事。

千萬不要把每件事情都視為理所當然，所有事情都要腳踏實地去做去完成。創業絕對不要怕失敗，對年輕人而言，失敗沒有什麼損失。台灣有一個很可怕的潛規則，好像幾歲就要讀完高中、幾歲就該完成什麼，每

件事都有一個時間表，按部就班，彷彿落後一、兩年就會輸在起跑點上，這種觀念是很可怕的。我在美國讀博士的時候，印象很深刻的是入學的時候有一個五十多歲的同學。我很驚訝，為什麼會有一個年齡差距這麼大的同學？後來才知道他是美國空軍中校戰鬥機飛行員退伍，在擔任空軍時期都在開戰鬥機，退伍後想繼續攻讀電機方面的博士。後來他跟我同年畢業，一畢業立刻就被一間大企業挖角了。

　　這件事給我很大的啟發，我們看人生的時間向度應該拉長，投資兩年、三年都不算什麼，大導演李安在成功之前不也是失業了六年嗎？在公司體系工作的人，努力久了就

能學到許多基礎工夫，從這角度看，這些時間的蹲點是有價值的，可以看到企業運作的更多問題和規則。但從另一個角度來看，很多在大企業裡工作很久的人，也常變得習於安逸，反而失去創新的動力，創業的成功機會相對較低。反而是具有創業經驗的人，即使失敗過後，還是有機會回到一般公司就業。

很多人說年輕人創業要做好準備，要有一定的格局，不要以「小確幸」為滿足，其實這些發言完全不合理。沒有一間大公司在當年創業時就能預料到後來的發展格局，你說 Facebook 在創業的時候，會想到今天的局面嗎？我認為年輕人創業就要勇敢，不要怕失敗。年輕人需要各種不同的經驗、不同的嘗試，在各種公司裡都有成長的機會，都能累積經驗。也不要小看任何時間的投資，即便是投入兩、三年的光陰，後來失敗了，這些經驗絕對都是一種累積。

我們這一代應該也要調適自己的角色，以前都是老師講、學生聽，但是現在我反過來去傾聽學生的聲音。公司的管理決策也是一樣，應該要給予年輕人更多空間，因為他們對於事情的體驗可能比我們這一代更多、更廣。我們要給予年輕人更多機會，特別是優秀的人才，一定要給他們更多發展的空間。愈大的公司確實有更多限制，特別是當你要拔擢新秀的時候，等於是要破格任用，所以這部分是需要繼續努力的地方。

照片提供：BoniO

LESSON 2

創業的路徑必須自己創造：讓熱情與內在驅動召喚你

Hardware Club

公司簡介：Hardware Club 總部在巴黎，專注在全球各地投資新一代的硬體新創和協助他們解決 scaling 階段的挑戰如製造、物流和銷售管道。截至二〇一六年九月為止，Hardware Club 總共有兩百二十個合夥人精心挑選邀請加入的新創，分別來自三十個不同國家，其中有十八間新創在群募平台上募得超過一百萬美元的預售款，並另外獲得包括 Hardware Club 在內的風險資本投資超過四億五千萬美金。

網站：www.hardwareclub.co

創立時間：二〇一二年。

創立經過：因內在驅動的熱情投入到巴黎的硬體投資新創公司，並協助解決新創在收斂的過程中遇到的所有問題：製造、物流、銷售等。

商業模式：投資新創、協助營收擴張。

Hardware Club 合夥人 Jerry Yang

我從台大電機研究所畢業後，投入ＩＣ設計領域十餘年，其中四年是新創，也在矽谷工作過幾年。加州對很多人來說是個很舒服、可以安穩過生活的地方，很多同事領著高薪，買個房子就定下來，但是對我來說，總覺得那樣的生活少了一些靈魂。

一再轉彎的人生

我是需要有「內在驅動力」的人。像我這樣個性的人，最受不了日復一日可預期的生活。所以在矽谷工作時儘管公司兩度提出要幫忙辦綠卡，我兩次都婉拒了，反而在因緣際會之下決定離開世界最大的半導體設計公司，減薪接受挖角到法國巴黎加入一家面臨轉型的公司。

來到巴黎我並沒有進入眾人神往的玫瑰人生，反而邊工作邊進入歐洲名校 HEC Paris 攻讀 MBA，並在一年半年內通過 CFA 共三級的考試，隨後轉進一家大型創投基金工作半年，期間遇到現在的合夥人，一拍即合，終於加入 Hardware Club 成為合夥人，投資全球新一代的硬體新創。

很多人問我：「怎麼樣才能進入風險投資的領域？」我想這是錯誤的問題，真正的風險資本家都沒有遵循可預期的路徑，就像他們投資的新創團隊一樣。以我自己來說，我是有著對的態度、在對的時間遇到對的合夥人，這整條路徑只要變動一個事件，可能就會朝不同方向發展。

成功沒有範例也無法複製，只能自己去創造

因為工作的關係，我長年累月都在日本、韓國、中國大陸……等地旅行，我深深覺得台灣有一個情況很值得思考，就是大家喜歡依循傳統的模式，認為跟著前人的腳步就會成功。但是在新創的世界裡，成功是沒有辦

法照樣複製的，每個超級成功的新創都有著不同的路徑。

同樣地，矽谷雖是新創和風險資本生態體系的濫觴，但是矽谷的成功經驗是無法被依樣複製的。每個國家的創業環境都有其特色，如果能了解各個國家創業環境的優缺點，其實你在矽谷、巴黎或任何地方，一樣都有成功的機會。

不過我個人認為台灣其實不太適合精實新創（lean startups）。為什麼不適合呢？因為精實新創的特色是從一個不太正常的點子出發，因為不太正常，所以想到的人就少，想到還動手下去做的更少，而做得快又對得更是萬中選一。比方說 Airbnb，正常人誰要讓陌生人來家裡住？更何況在美國這種家即城堡、無授權進入還可以合法開槍射殺的國家，這不是一個很怪的點子嗎？但最終他們證明人的互信超過對陌生的恐懼，而且很多屋主甚至很享受這樣的萍水相逢。

因為點子怪，所以一開始看起來會像 niche 市場，但精實新創需要動能，因此它需要一個大的終端人口，才能在很小百分比的顛覆下就取得足夠的早期動能，也才能避開大公司的注意高速執行。在這點上台灣就吃虧在終端人口不夠大，早期顛覆時數字小到沒辦法有效測試，因此執行起lean startups 策略很容易事倍功半。

精實新創還有一個很大特色是它是從創業家個人痛點（pain point）開始的。個人真的感受到痛、感受到不便的，才會想出最有可能說服其他有同樣痛點的使用者的解決方案，Airbnb 和 Uber 的成立就都是出自創辦人自身的痛點。但痛點的另一個特色是跟國情關係很大，因此通常要花幾年才會開始進行國際擴張，而且擴張時還要因地制宜。在這種前提下，精實新創的起跳市場要夠大，才能在國際擴張前獲取足夠動能，這也是為何回顧這風起雲湧的十年，成功的精實新創幾乎都是來自美國和中國，因為本土終端市場夠大，可以用精實新創的策略執行。

因此今天如果台灣想投入精實新創，必須一開始就瞄準跨出國境的終端客群，不管是兩岸三地華人也好，東南亞共榮圈也好，總之不能只想著去解決自己台灣的使用者問題。

不少人說台灣的創業環境很糟，其實不盡然。我覺得大環境是有機會改變的，台灣現在很多事情是往正確的方向前進，新一代美式創投例如之初也把很多正確觀念帶進來。同時間世界潮流不斷地改變，越來越多投資者往亞洲移動，如果台灣的新創能夠找到數量和方向都對的終端消費者數量，那對於風險資本來說就是可以投資的。

放眼全球市場，以「人」為核心

網景創辦人、知名風險資本家馬克・安卓森有一句名言：「風險投資是百分之一百離群值（outliers）的遊戲」。在統計學上離群值通常是被忽略掉的，但偏偏風險新創成功者都是離群值。這也代表著在新創裡，成功的模式都是無法被依樣複製的。你可以把所有的成功當成一個故事，但是千萬不要想去模仿它的軌跡。也因為這個原因，真正的風險資本家大多是創業家出身，因為有走過「無法分析」的離群值路徑，才有機會找到真正的離群值新創，並協助他們成長。

台灣傳統的創投環境其實很扭曲，其中很大的原因是大部分風險資本基金的投資人（Limited Partners, LP）都不是具有投資組合觀念的機構投資人（例如資產管理公司或者退休基金），而是科技業或傳統產業大老闆。但風險基金的特色之一就是風險超級高，因此必須要放在投資組合中起到分散作用才有道理。但台灣的大老闆們是單獨投資風險基金，因此「只准賺錢、不准賠錢」，風險資本基金的管理人（General Partners, GP）也就只好尋找穩賺不賠的「方法」，而且要三、四年就見效，結果就是錯過一個又一個的離群值。

在這種環境中還有一種特色，就是投資資產（技術、專利等）多過投資創業團隊。但過去十年的精實新創浪潮中，風險資本家投資的是「人」，因為精實新創提供的產品和服務通常沒有技術上的進入障礙——任何編程者都有辦法寫出 Uber APP——重點在執行和團隊進化的速度。在這種新創中，創業團隊特別重要，創業團隊一旦收工，公司價值就歸零，無法換人操作。

因此真正的風險資本家在看創業團隊時，看的不是學歷或經驗，而是其他難以捉摸的特質：熱情、內在驅動力、領袖氣質、願意改變但也更願意堅持等。另外，太「正常」的創業家也通常難以獲致大的成功，因為「正常」的創業家只會想出「正常」的點子，也就是其他百分之九十九的正常人都想得出來的點子，遇到困難時也只會想出「正常」的解決方案。反過來說，獲致巨大成功的創業家多半有著一定的古怪性格，有些人很暴躁，有些人很安靜，有些人按照社會標準根本就是個混球，不論如何都不會有完全正常的創業家。

總結來說，真正的風險資本和新創生態體系都是環繞在「人」上，有真正的創業家，能夠在真正的風險資本家力挺下，解決真正的使用者痛點，從而創造出真正可防衛的感受價值，才能夠走向成功的退出。

照片提供：Hardware Club

LESSON 3

創業的動力是社會影響力：讓群眾集資成為夢想的推手，向宇宙下訂單

貝殼放大

公司簡介：台灣首間、亞洲最大的群眾集資顧問公司。二〇一四年成立至今，累積集資金額超過五億元，曾協助金萱字型、動畫台灣史—臺灣吧、口袋相簿Piconizer、自己的牛奶自己救—鮮乳坊、月亮杯、婚姻平權、日星鑄字行、前瞻火箭ARRC集資等一百件以上的群眾集資專案。提供一站式的集資顧問服務，包括策略規劃、影音素材製作、媒體行銷、原型量產、網站製作、股權集資等各項服務。

網站：www.backer-founder.com

創立時間：二〇一四年。

創立經過：在平台任職輔導集資專案的過程中，有感於對社會影響力大、規模大或欲往國外推動的專案，往往因為對於集資生態的了解程度有限和資源的缺乏錯失成功的機會，因此希望透過持續累積的顧問經驗與專業，並整合完整的設計與宣傳資源，為台灣社會創造更多發明與「善」的推動力。

商業模式：「貝殼放大」的服務收費包括集資專案上架前的「專案製作費」

與集資專案上架後總集資金額的抽成「專案服務費」。服務內容依照每個專案的服務內容多寡有所不同，且「貝殼放大」現今已有提供活動舉辦、空間租借的「貝殼好室」，提供金流服務、串聯網站的「貝殼集器」，以及影片拍攝及設計服務的「貝殼工坊」，皆有營業收入。

貝殼放大共同創辦人兼執行長林大涵

其實早在集資平台工作時，我就已經在做「顧問」這件事了。最早有意識到自己在輔導或擔任案件顧問是成若涵的〈紙雕・台灣百景上河圖〉，雖然影片很粗糙，但卻是我跟創意總監一起去拍的，文案、各種採訪和曝光合作機會也都與對方一起討論。那時只是純粹想做案件輔導，沒有意識到自己在做的是顧問工作，付出心力主要是為了打造集資平台。

工作之實走在職務之名前

集資平台剛開始時台灣沒有多少人關注，更不用說使用「群眾集資」這個模式，當時平台的營運人員雖然稱不上經驗豐富，但終究比提案者熟悉如何去操作運用。

二〇一二年我負責的大部分案件，都有「顧問」之實，只是沒有顧問之名。當時還未當作職業在經營，同時資源與人力上也有受限之處，例如影片拍攝與處理就不是專業團隊，不過也因為這樣的機會，累積許多文案以及群眾接觸上的經驗和知識。

二〇一三年起變得比較麻煩，在每個月固定有二十到三十個案子上線的情況下，沒有辦法像以前那樣親力親為的輔導，每個案件上能花的顧問與溝通時間變很少。我曾經有過手上有九十二個案子的極端狀況，有一半製作中還未上線，另外一半則是線上集資中。就算每個禮拜工作一百小時，能夠分配給每個案子的時間也頂多一小時，但這不是在做顧問工作，頂多是平台窗口做案件上架前的檢查動作。

二〇一三年下半年，有一些案子讓我重新感覺到在做「顧問」，像是福山部落的〈方舟計畫〉、齊柏林的〈《看見台灣》露天首映會〉或Attack on Flour！〈太白粉路跑〉。這些案件不是一個人做，更像是公司的執行者一起製作，像Attack on Flour！的〈太白粉路跑〉就是兩位工程師、兩位專案經理一同專注投入，而〈看見台灣〉也是兩位專案經理一起投入。

在平台期間，參與時間最多的是福山部落的〈方舟計畫〉，再來是集資廣告〈台灣，這次妳一定要撐下去〉，後面依序是〈看見台灣〉、〈太白粉路跑〉、〈殭屍路跑〉、〈割闌尾計畫〉的前半期集資，大型案件都深度參與。台灣第一個破百萬的集資案件是〈超電能飛行錶〉，我在宣傳影片拍攝的過程中也擔任攝影助理，促成案件的成功有很大的成就感，同時也看到許多很酷、但沒有資源投入的案件。

沒有事情不能做，沒有時間都去做

二〇一三年後期，我差不多可以分辨出哪些案件不需要顧問也可以做得很好，又有哪些案件沒有顧問的協助幾乎難以成功。二〇一四年初也向平台建議成立製作部門，包括影片、設計等服務，讓有點子但資源不夠的人更完整的服務，不過當時沒有被採納。

顧問與大型案件之間有相輔相成的關係，成就感讓顧問願意投入更多，而有可能讓案件更成功或更為人所知。不過顧問與平台在面對案件的選擇方式不同。平台篩選的基準是負面表列，意指不違法、不違反規定，以及不違平台原則就可以上架，只是上架後平台方負責同事提供什麼程度的輔導與顧問服務，則是看個人意志，也受到時間的限制。

對我來說，集資平台在當時等於是自己的事業，自然會想怎麼做更好，又特別是當時台灣還有很多人不知道群眾集資怎麼做，而自己累積了不少經驗，所以才能在二〇一三與二〇一四年做成一些從零開始摸索的大型專案。

到二〇一六年底為止，大概處理了快五百件集資案。這些案件的經驗讓我歸納出三、四個對集資的觀察面。第一層，是我在平台工作時想見的群眾集資——你有一個計畫，但需要一筆錢達成，就群眾集資吧！這是源頭，但慢慢發現群眾集資的成績本質上像是個「籌碼」或「才力證明」，讓自己有初始的資源起步，為點子交換更多東西。能交換就是因為集資已經證明點子有價值，有一群人認同且支持你，這是我在任職於平台的中後期看見集資的第二層意義。

第三層，是在貝殼放大成立前期，意識到群眾集資不只是籌碼，也是很好的篩選器。如果只聚焦在案件集資金額，多半分成集資成功或集資失敗，可是群眾集資最有趣的點在於這些募資案都是透過「人的信任」，預支未來的資源放在現在。案件完成之後，募資者怎麼面對贊助者、怎麼面對比集資數字更大的關注，處理這些事情的方法更能凸顯團隊的特質。有人集資到一大筆錢開公司順利地發展，也有人集資成功但無法履行回饋，這些過程也是能供投資人判斷團隊能力的重要佐證。

讓群眾集資成為社會打造外在推動力的推手

往下深入探究，群眾集資對整個社會的長期意義是什麼？關鍵點是打造一個充滿「外在推動力」的環境。像我就是個很被動的人，很少因為早早決定要做某件事而非常努力，大部分時候是因為有推力而逼著我去做別的事情，像是當初被退學，因此被逼著要去做點什麼，不然自己就只是什麼都沒有的魯蛇。

比起靠著「不得已」的推力前進，我對群眾集資也有一個很大的期許，就是創造充滿「拉力」的環境。拉力是什麼？以ARRC為例，如果有人因為看到ARRC的熱血影片，開始接觸更多火箭的相關消息，並發現火箭很重要，因此除了贊助更願意花其他心力關注相關領域，甚至作出貢獻。因此每一個集資案件——就像台灣吧《大抓周計畫》概念，創造一個又一個的招生簡章，讓原本對這些事情不知道、不了解的人，透過一個有意思、感動人心的文案或包裝，以及案件的核心價值去接觸這個領域，同時也可以用很簡單的方式表達支持。

打造充滿拉力的環境後能做什麼呢？它給一些吃得飽飯，但覺得改變不了世界的人一個參與的機會。給這些人參與的機會後，就有更多的機會讓金萱、ARRC、台灣吧這些幾百萬、幾千萬的集資案件，不再是奇蹟，如果這成了再平常不過普通的累積時，那群眾集資的最終任務——信任與投資好事成為社會的基礎建設與共同認知——也同時達成。

當我們習慣集資存在，也意味主流化

當社會對集資越來越熟悉，也將有越來越多的高額集資案件，數量變多，就算失敗率沒有變，也會覺得失敗的情況變多。這會造成兩個角度：

第一個角度：可能有人贊助很多次，但不斷地因為案件不成功而失望，再也不相信募資模式。集資使用者會因為這樣流失。

第二個角度：現階段使用群眾集資的人還是少數。對照一般的商品成長模式，現在集資還在創新使用者（Innovator）的階段，慢慢走向早期使用者（Early Adoptor）階段，從前百分之五的使用者慢慢走向前百分之二十五的人都使用過群眾集資，使用人數會逐漸增加。

之前電視常報導的「團購」有類似路徑，在早期使用者到大眾使用者的階段，將逐漸增加出現在電視報導中的機會，不會再看到「團購美食夯」、「上班族團購上千盒」的新聞，反而是「三天集資一千萬」這種消息。

這就是世代更迭的滾動，會有人對於這樣的模式失望，也會有更多人投入解決當初失望的痛點，所以群眾集資領域就逐步發展出保險、評價、認證等各種方式，對抗案件做不出來或降低風險。我在之前的文章〈名之所在，謗之所歸〉也有提到，群眾集資也會變成像是「團購」走進更多人生活，而爭議就是邁向主流的必經過程，問題比例不會上升，只是問題的總數會上升。

顧問的任務：為提案者創造機會

記得曾在一本書看過「問題，就是你想做但做不到的事情。機會，是你想做也能做到，但你還不知道的事情。」這呼應了什麼樣的人會找貝殼放大或期望跟貝殼放大合作？是想要做好群眾集資，但只靠自己可能做不到的那群人，讓原本的問題在與我們的合作之下變成機會。合作的根本原因是提案者認為我們懂一些他不知道的事，以及有些事由我們執行會比他自己來做得更好。

我們有他所沒有的專業知識、對集資眉角的理解與內規，還有執行某些事情擁有比集資者更多的資源，也能做得比他更好，例如概念影片、文案、新聞稿、廣告操作等。兩件事加起來，就是貝殼放大提供的核心價值，同時在案件累加的過程中，累積的不只是經驗，還有名單，過去的案件讓我們累積數以十萬計的贊助者清單、點擊不同類型案件廣告的人，因此在不違法的情況下，我們能做出好的名單篩選，讓每一個新案件都能找到第一批且適合的客群，這些服務的加總就是我們累積出的差異。

Backer 與 Founder 指的是贊助者與集資者。中文取名「貝殼放大」除了音譯之外，還有另外一個意思。貝殼是古代交易的媒介，等同於現今流通的貨幣。錢什麼時候會放大？是錢創造更多有意義的事情時就會放大。這也是我們認為群眾集資可以達成的目標。

集資成功不是結束，繼續陪伴才是目標

從平台開始，至今接觸群眾集資已經四年多，要面對的困難挑戰不少，這是個新的產業，所以要處理的中長期挑戰一直都有。對貝殼來說，群眾集資顧問是本業也是起點，面對包羅萬象的產業類別、服務模式，群眾集資做為讓案子繼續往下一階段前進的籌碼。隨之而來的也是第一個挑戰，如何與服務過的客戶維繫雙方長遠的合作關係。在平台時，許多案件（例：稻田裡的餐桌）透過集資平台發跡，但卻無法在案件發展成熟時，有更深入的合作關係。

有一句話提到：「不要害怕欲望，但要用善良的姿態追求它。」我們都會希望合作的案件能有機會繼續往下發展，這是每一位為案件付出心力者的欲望。做為一間公司當然更希望第一批專案成功之後能持續創造長尾效應。對公司來說，最簡單的方式就是「投資」或「持續參與成長」，在案件各個階段提供有價值的服務。

也因為這樣才會出現協助部分獨立集資案轉品牌電商，以滿足案件中產品長期銷售的需求。發展股權融資，在群眾集資後，取代 Seed Round、Piggy Round 或 Party Round 的募資，直接進入第一次資本輪的投資，這也是貝殼能提供的價值。

第二個中期的難關，如何面對不同領域客戶成長後的不同需求？初始募資的模式可能都很類似，但向上成長後，客製需求越大，就必須提供不同方向的服務能耐。例如往創投與育成方向走，分析貝殼的 SWOT 後，發現多得是 Weakness 與 Threat，沒有創投或與成所需的錢、人脈、經驗，必須把握僅有的群眾集資的專業，成為優秀新創團隊靠攏過來的 HUB。而我們篩選後的案子穩定與質體會比一般創投的 Account Officer 做 BD 來得可靠。畢竟每個案子合作少則四個月甚至長達一年，可以清楚分辨團隊的風格與體質良好與否。

長期的挑戰則是，如何在群眾集資的浪潮前進時，維持正面的發展方向？

集資根植於「人際信任」而存在

集資的本質接近社會信任的基礎建設。可以用一個小故事比喻，報紙怎麼誕生的？沒有人知道，很多第一次世界大戰時期的電影，都有一個特別的角色：報童。他們呼喊聳動的口號，告訴大家最新消息，吸引注意花錢買報紙。一開始沒有訂閱制度，直到有個大商人買下報社，雇人挨家挨戶推銷，印製試閱報紙，讓家戶親自體驗，自行評斷「跟路上報紙比，是不是比較好？」、「想不想每天都看到這樣品質的報紙？」、「願不願意提前付錢，讓好報紙每天送到家裡？」這代表當信任做為資產被預先支付時，就是好品質、好內容、好的創作可以發展的基礎。訂閱的發展跟群眾集資有高度相似的路徑。

訂閱就是以前的群眾集資，不同世代工具會更迭，但是概念不會被淘汰。接下來如果ＦＢ可以付款，相信上集資平台的人會少很多，但群眾集資的需求不會消退。因為集資並非網路時代獨有的行為，一八八五年美國集資蓋自由女神的基座、街頭拉琴募款去維也納學音樂，或是結婚收紅包，都是早已存在生活中的集資行為。

擁有影響力，要更留意長遠影響的責任

但群眾集資本身到底是往好的方向發展，還是往壞的方向前進？這是我長期觀察下的小疑問。八仙塵爆發生的當下，我的感受很複雜。這件事本身跟我沒有直接關係，但他卻跟當初的 Attack on Flour！〈太白粉路跑〉有著間接關聯。〈太白粉路跑〉帶動了主題路跑的風潮，是非常成功的集資案例，不過後來大家都直接辦活動賣票，確知有市場就不再需要集資的協助。

活動舉辦時，曾有電視採訪一位補習班老師，表示這樣高密度粉塵可能有塵爆危險，那時我「哼」地一笑置之，總想著在戶外怎麼可能發生。結果，八仙塵爆也是在半戶外空間發生，這整件事在我心中留下了很重的一道印子。

當把時間尺度拉開時，我們沒有人能篤定事情的開始到底是對是錯。人們對已知的敬畏，是恐懼。但對未知敬畏，就只是單純的焦慮。這種蝴蝶效應影響的長期發展的煩惱，但是因為煩惱而不行動者，是懦夫，沒想就行動的人，是莽夫。如果因為害怕而思考，最後決定要做的，叫勇氣。如果又盡其所能地控制風險到最低，才是真智慧與負責任的行為。

很多人想完成一件事，思考後發現創業是最佳手段，這種思考歷程產生的信仰與目標非常明確，所以面對創業的困難有極大的動力克服，因為這是為了完成心中的「那件事」，而不是創立想像中那不存在的業，就是許多人口中講的 Wanterprenure，這是鼓吹創業風氣最危險的一件事。人都會對外講自己好的那一面，所以只看到別人的光鮮亮麗，而想成為那樣的人，這樣的創業心態並不健康，創業是一種手段，一定是先想要做些什麼，才會想到要透過創業完成它。

照片提供：貝殼放大

PART 2

創新故事

破壞式創新天翻地覆，創意如何落實為創業？聽聽他們怎麼說

LESSON 4

認清自己，才能幫別人解決問題：共享、共生、共創，來交個朋友吧

Plan b

公司簡介：「混 hun」是一個共同工作空間（Co-working Space）兼咖啡館，在這裡可以認識不同領域的朋友，進而交流。每個人來到這裡，都可以共同或獨立工作，透過同一個空間的共享，發揮共同工作的精神。

網站：www.theplanb.cc

粉絲專頁：www.facebook.com/huncoworkingspace

創立時間：二〇一二年。

創立經過：去東京參加設計師活動初次見到共同工作空間，想要將這種全新的概念引進台灣，決定以結合咖啡館的模式經營。透過空間的轉化、利用、各個工作者的交會，替每個人創造更多可能。

商業模式：按每日、每週、每月等不同區間長度收取費用，長遠目標是放在讓每個來共同工作空間裡交流的朋友們，透過「分享」這個空間而打開更多「共創」、「共利」的機會。

Plan b 共同創辦人游適任

說到創業，應該是我在唸東吳大學法律系二年級的時候就開始了。那時（二〇〇九年）我找了朋友一起合作成立設計工作室，然後去接一些外包的案子，主要是平面、展場設計等等（二〇一三年賣給了另一間比較大的設計公司）。後來因緣際會，二〇一〇年正式開始邀了朋友一起成立了做校園公共自行車系統的「拾玖」團隊。幾年後將公司交接，與一些朋友另外創立了「混 hun」共同工作空間。

共享與共創的核心精神

成立「混」其實也是意料之外，主要是因為有一年與後來成立的設計公司夥伴一起去日本東京的設計週觀摩，在東京街頭晃蕩的時候，無意間發現了「Co-working Space」，覺得很有意思，回台北成立共同工作空間的想法就在我心裡萌芽了。

其實「空間」本來就有很多種可能，像是起源於歐洲的「占屋運動」，就是因為房價和房租居高不下，所以當地民眾開始占領閒置的房屋。我自己則是對「空間共享」這個概念很有興趣。因為「Co-working Space」這個概念當時在台灣比較新，一般社會大眾可能不是很了解，所以那時跟夥伴就決定不如先用咖啡館的概念來包裝這件事。由於「Co-working Space」主要是提供給個人獨立工作者跟創業者一個工作、同時又可以交流的空間，而台灣這兩個族群的人在早期又

有跑咖啡館工作的習慣，所以當時選在台大師大旁邊開這個空間，也是由於這一帶商圈有非常多的個性咖啡店，因此這類屬性的人在這區域的流動就相對多。

「混」在二〇一二年的四月開始營業，六月開始就有一些媒體跑來採訪我們。到了二〇一三年，還有出版社來找我們，問我們有沒有興趣出一本和「台灣 Co-working Space」相關的書。那時我自認沒有那麼多的素材可以寫，所以婉拒了。不過感謝台北市政府都更處的肯定與厚愛，後來還是受其邀請將這幾年心得跟淺見，編寫了一本「共同工作空間操作手冊」。

我認為「分享經濟」一直都存在，從過去居民集資蓋廟宇的方式，到現在無論是 Airbnb，或是 Uber 都是很好的例子，而我當時做校園公共自行車系統時（Sharing Wheels）就有了解到這概念的重要。成立「混」，當然多少是希望能持續這概念，開辦的資金主要是從高中時的投資以及開公司後存下來的積蓄。但對於混空間，當初和夥伴就沒有抱持想要賺大錢的心態來做，主要目的還是希望創造一個產業，同時創造一個給周遭朋友或朋友的朋友一個良善的工作或創業機會。二〇一四年併入了現在主要的公司 Plan b 當中的一個部門管理。Plan b 主要是針對永續發展（Sustainable development）作策劃的顧問公司（www.theplanb.cc）。

因此二〇一六年 Plan b 創立了CIT（www.cit.tw），也就順勢將「混」再度擴大拓點至該處。CIT是 Plan b 針對城市發展、社會創新與全球夥伴建構的一個自主性的全新計畫。CIT位在中山足球場原址的西側，是「Center for Innovation Taipei」的縮寫，我們租下該場域改造後，希望提供創新型態的辦公空間，透過誘發每一位參與者好奇心的機制，讓各產業的單位、各領域的新創公司、自由工作者，在衝突性交流下找到永續發展的空間。畢竟，制定新型態的工作空間，意謂著改變整體社會的機會，目前全區大約有三十一個團隊進駐，一半是國外團隊、一半是國內，每個領域都有，從科技資訊、設計、都市規劃、服裝設計、國際創投辦公室、加速器到非營利組織等等，共同點都是在台灣設立五年內的新創單位，但都已經是五到二十人持續在成長中。在這裡我們也保留了共同工作空間，希望讓民眾比較好找機會介入這個空間產生交流，於是成為「混」的另一個據點。

喜歡發問、遇到問題就解決的好奇寶寶

我做很多事的出發點都很單純，可能只是單純地覺得這件事很有趣而已，而且我很喜歡遇到很多事情時，常先會問自己：「為什麼？」平日會刻意安排時間，看展、電影和書，每個月都會透過閱讀大量商業投資和設計領域雜誌來充電，也經常和朋友們聚會喝酒和閒聊；對我來說，它們都是很重要的養分，也打開了通往世界的窗口。

很幸運的是，創業的路上一路走來，似乎沒有遇到什麼太大的問題，可能我的個性就是遇到問題就去想辦法解決，我認為世界上沒有什麼是解決不了的問題，都只是選擇而已。

從大學開始，很幸運地一直都走在做自己喜歡的事情路上，但我不喜

歡用「創業」這詞，也常不覺得自己是在創業，而只是想要解決存在的問題。目前最想做的事情是能夠去改變一個產業，像我最近投入研究的碳交易，就是對於許多產業會有很大衝擊的環節。在未來的世界裡，能源有限，解決能源危機將是所有人都應該關注的議題。

「混」空間裡有一個十四歲的國中生，他沒去正規學校上學，選擇在家自學，每天來「混」和一個將要去矽谷發展的團隊學寫程式，能夠在年輕時找到自己真心所愛的事，我覺得很酷。如果要給年輕人有關創業的建議，我認為「認清自己」很重要。很多人一頭熱地想要創業，但問題是，你真的搞清楚自己想要的是什麼嗎？唯有「認清自己」，才有能力幫助別人解決問題。

照片提供：Plan b

LESSON 5

掌握社群，能發揮加乘效應：空間、社群、資訊的整合平台

Changee串串

公司簡介：Changee 串串由「空間」、「社群」、「資訊」三個核心出發，以創意工作者與專案為基礎，打造一個可以交流互動、尋找合作機會的網路平台。除了線上與線下平台之外，也提供創意顧問、公司設立、記帳服務代辦等服務。

網站：www.changee.tw

創立時間：二〇一二年。

創立經過：由自身痛點出發，想解決資訊交流與聚會找不到活動的困境。由台大校園內策展出發，經過突破層層限制出外成立工作空間，以設計和創意為主要領域客群。

商業模式：租借工作空間與聚會場地、舉辦交流聚會、線上社群平台、代為成立公司與會計服務。

Changee 串串創辦人林端容

大學時我就讀台大經濟系，經濟系給我的訓練，就是同一件事情並不會只看一個表面，而是嘗試找出背後的原因。

我一開始念的是社工系，後來才轉到經濟系。社工比較專注個案，經濟比較關注整體與系統性、整個世界的邏輯，不過兩者都是跟社會脈動有關。

大四時我把管院的課都修過一遍，我非常喜歡管理學院的課，因為可以了解企業故事，並分析案子背後的決策。那時一個學期甚至要解析超過四十個案子。

大學畢業時，面臨了就業的選擇，我了解自己的個性適合開創新事物，所以開始思考要自己創業。我心中的創業藍圖是希望若有任何人渴望嘗試新事物時，能夠給予協助。所以我們發展的不只是空間，同時包含資訊與社群。

從線下轉進線上，網路串連發揮加乘效應

剛起步時，我在空間設計上花了許多時間，舉辦了大量的活動，大家也樂於分享，所以很快就做起來了。

不過，過程中也經歷了不少挫折。比方說一開始我們跟學校合作租借場地，學校不准我們辦音樂表演，只好改成靜態的展覽、講座與共同工作空間。過了一段時間，學校又覺得進出分子複雜又嘈雜，希望我們搬走。但我們創業的現金都花在裝潢上面，硬體變現又換不了什麼錢，實在沒有錢搬家。

後來我們決定嘗試看看群眾募資，沒想到五天就募到了二十萬，經過這些事情之後，我慢慢開始思考社群的力量。

我們經營的實體空間，主要分成共同工作空間、展覽空間與活動空間。其實一開始我們並沒有定義什麼是「共同工作空間」，只是根據需求，提供了不少大桌子，或是隨處可用的插座等等，很多創業的人就自己拿著

電腦來討論工作。後來才知道，原來國外稱為「共同工作空間」。

我們已經累積了超過兩百個工作計畫，超過十五萬人次來參與這個空間的活動，也舉辦過千人參與的串串創意行動營。因為經營實體空間，我也認識了各式各樣的人，但過了一段時間，我開始思考，這些人脈綁在我們身上，任何人要認識其他人都要透過我們，很沒有效率且無法規模化，希望透過別的方式來呈現這樣的力量，於是著手經營網路社群。

我成立了一個網站叫 Changee Across，比較像是給創意工作者的 LinkedIn。每個人都可以申請帳號，放上自己參與過的 project，另外，我們也做了一個 APP，目的是填補實體空間與網路平台的空隙。有位朋友是學平面設計出身，希望投入網路或 APP 產業，因為使用了 Changee Across 認識很多工程師，提供他許多適合設計師的做法。他從來沒想過可以找到適合的夥伴一起奮鬥，而每當我看到這樣的事情發生，就會非常感動。然而因為不收費以及缺乏商業模式，此立意良善的網站難以成為公司主要的核心業務，這也讓我學到了寶貴的一課，理想必須與商業模式結合才能發揮永續的價值。

我覺得社群經營都是互相串連的，有了不同的渠道，空間才會開始產生變化，也為自己開創不同機會。許多創業者跟新創公司會找我們諮詢與成立公司有關的問題或代為協助辦理，在過程中我也發現目前的管道數位化程度很低，因此轉往發展會計的平台，希望在許多人最頭痛的財務問題上提供解決方案。

經營共同工作空間累積一些經驗之後，我慢慢覺得很多政策都還有更好的做法。我也經常出國觀察當地藝術家如何與政府合作，營造出不一樣的空間。

創新要有熱情，不要放棄任何一個渺小的機會

大家常常談論創新，但我認為創新有一個根源、也是更根本的前提，就是做自己喜歡的事情！

當你做自己喜歡的事情，才會願意花額外且大量的時間去做，並且找到可以突破的地方。創新是人類進步的基礎，我希望貢獻自己的力量，幫助大家找到自己喜歡的事情，讓想要改變的人更容易找到可以發揮的舞台。

創業的路上一定會遇到不少阻礙，但是不放棄就可以找到新的方法。

有人問我：「創業需要做什麼準備嗎？」我認為創業沒什麼好準備的。大家常會把創業想得太偉大，其實創業可以用很多方式先測試，然後從一些小的點慢慢開始。比方說可以

從弄一個粉絲團開始，寫一些專欄，假如發現的確有一些人想要聽白話的歷史，然後可能就有出書的機會。雖然這可能沒有什麼機會養活自己，但誰知道呢？創業應該要從一個很小的點開始做，即便有種種壓力，但只要開始了，就會不斷累積下去。

照片提供：Changee 串串

LESSON 6

產出價值，為成功付出代價：讓小朋友們更開心！傳統產業的創新契機

綿羊犬藝術有限公司

公司簡介：「綿羊犬百寶箱」獲得美國玩具奧斯卡獎、美國年度百大玩具獎等許多國內外知名玩具設計大獎，目標是希望讓三到十二歲的孩子從玩具與遊戲中獲得更多啟發。除了設計多元化的遊戲與學習內容，也為孩子建構出獨特的主題情境，讓家長帶著孩子盡情揮灑創意，享受動手學習的樂趣。

網站：www.shepherdkit.com.tw

粉絲專頁：www.facebook.com/Shepherdkit

創立時間：二〇一三年。

創立經過：在美國發現幼兒教育原來可以具備創意，因此投入親子教育。原本從事親子的翻轉教育工作坊，然而推廣理念有限，家長也很容易因各種因素中斷學習，經過思考、轉型專注於開發教育性的玩具與遊戲產品，給孩子更多元的學習機會。

商業模式：電子商務，售出百寶箱，提供親子共同動手做、身教、理解創作教育。產品主打創意。

綿羊犬藝術有限公司創辦人暨執行長林啟維

我讀高中時恰好遇到了《窮爸爸富爸爸》的出版熱潮，對於作者的理財觀點感到很好奇，因此大學的時候參加了投資理財的社團，卻沒有真正得到解答。如果純粹的「投資」沒辦法為社會帶來任何「價值產出」，那意義在哪裡？而真的產生「創業」這個念頭，是到美國念書之後。

在美國受到衝擊，決定回台創業

台大電機系畢業後，我到美國加州大學洛杉磯分校（UCLA）讀研究所。那時我有種強烈的感受：「為什麼同樣是『學習』，美國人做起來就很有趣，台灣人做起來就變得很嚴肅？」以「求知」這件事為例，台灣講求的是用功讀書，希望每個人乖乖地坐在教室裡對著黑板，並且以考試決定成績；但是美國教育注重的卻是學習、互動的過程，重點往往放在討論或研究性質的報告。

我那時想到的是，自己能不能改變台灣的學習環境呢？我不希望台灣的孩子從幼兒時期開始，學習環境一直都這麼刻板、學生只會拿著教科書死背。回到台灣之後，我成立了一個幼兒教育團隊，辦了很多互動、有趣並且深具教育性的工作坊，也很努力地設計工作坊的內容。當初的創業資金只有幾十萬而已，雖然後來也曾經領過政府單位幾十萬的補助款，但初期依靠的還是工作坊活動為主，只要有活動就有收入，這讓我們撐過最艱困的時期。直到某一天我們發現一個問題，就是以工作坊的活動形式來推廣自己的理念很困難，也無法量化。有的人因為時間、地點無法配合而不能參加工作坊，會讓工作坊的成果無法累積。後來我想到，能不能把工作坊變成一項「產品」呢？

工作坊的活動很受到家長們的歡迎與支持，但無法跨越時間與空間的藩籬，甚至連台灣城市以外的地區都很難接觸到。我認為唯有做成產品才可能真正服務到台灣的大眾並且打入國際，於是我們創立了「綿羊犬」品牌，致力於親子教育產品的設計。在此，我們也面臨了抉擇：「究竟要放棄工作坊、全心投入產品開發與推廣，還是想辦法兩者兼顧呢？」

那時候內心非常掙扎，一方面是我們團隊無法蠟燭兩頭燒，一方面我們也都認為產品的開發更具創新性及影響力，所以最後作了有些冒險的決定，放棄工作坊活動，全心全意地投入產品開發，很多參加過工作坊的家長也來訂購我們的產品。

教育及玩具產業停滯不前，正是創新創業最好機會

推出產品大概一年之後，我們開始思考怎麼樣讓更多人知道我們的產品？創業初期，我們並沒有行銷預算，也想看看我們的實力能否跨入國際，所以就報名海外比賽。我們的產品特色是讓教育和遊戲融為一體，這其實就是美國的教育方式，也讓我們獲得了幾項美國頂級的玩具設計大

獎，表示美國的市場能夠接受這樣的產品，這也為我們打了一劑有力的強心針。

創業一路走來，我們的團隊從三個人，到現在共五、六個人；從一開始和別人分租十五坪的辦公室，到現在能夠獨自擁有四十坪的空間，覺得還滿開心的。我們的團隊知名度漸漸打開、媒體紛紛主動報導我們的消息，也得到愈來愈多家長的認同、讓小朋友們有所收穫。這些「結果」帶給我很大的快樂。

還有一種快樂，就是有很多家長會透過各種方法，包括寫訊息、打電話、email 留言給我們，說他們的孩子多麼喜歡我們的產品。尤其印象深刻的家長曾經告訴我們，他的小孩子在玩過綿羊犬的產品後，吵著要看相關的展覽、閱讀相關的書籍。因為我們的產品很獨特，所以也產生了口碑效應，許多家長們都會互相推薦。

我現在做的算是教育、玩具設計的產業，這個產業其實也是傳統產業的一環，台灣在教育與玩具設計這一塊仍然停留在很老舊的思維，大家稍微叫得出名字的玩具公司大概都是三十年、四十年以上的品牌。我們的團隊都很有創意和想法，想做的就是在教育的傳統產業裡發揮創新的精神，做出最大的突破。由於新一代的家長也在進化，所以我對創新的教育產業前景相當看好。

打破創業神話，成功要付出代價

在台灣，我遇到不少年輕人對於未來感到茫然，這是因為他們沒有真正發掘到自己的興趣。我滿鼓勵每個人多方面嘗試，因為試到最後，一定會有一件事是你做起來駕輕就熟、比一般人表現得更好的，這或許就是

你可以一直做下去的事。

對我來說，與其說「創業」是一種工作選項，倒不如說是想要一個真正屬於自己的人生。如果我要當上班族，美國有很多優秀的大企業可以選擇。但是，進入一個大企業的體系裡，就失去了未來的各種可能性。美國的企業發展已經非常精密，每個人各司其職，進入愈大的體系其實愈沒有變化，感覺進去之後就可以預知自己未來三十年的發展。

即使在全世界最知名的 Google 也是一樣。它現在已經發展到兩萬人的規模，對一間擁有兩萬名員工的企業，很難期待每一位基層的員工有什麼樣突破性的成長。二〇一五年 Google 的執行長曾經公開表示，這是力求穩定的一年，創新已經不是他們的優先目標。你可以想像多少擁有創新精神的人會因為這番言論而想出走。

如果給想要創業的年輕人建議，我會希望大家能夠謹慎思考，不要把創業想得太美好，創業這些年來，還未曾遇過一步登天的創業者。如果你希望創業立刻就能賺大錢，你會發現這跟中樂透的機會一樣渺茫。創業是讓你比較有機會突破僵化的體制，在相對較短的時間內達到成功的位置，但你也要有一個認知，「創業」絕對要付出比一般工作更大的代價。

在創業成功之前，會有很漫長的等待期。很多人會質疑你、否定你，在得到真正的認同及成功之前，你可能會有很長的時間都是孤身一人在奮戰。今天如果你是在一般企業工作，可能會有公司的資源及光環；但是如果你選擇了創業這條路，就有承擔一切成敗的壓力與責任。而且創業初期你什麼都要自己來，因為不會有多的預算去請別人來幫你，所以創業背後其實有很多負面的情緒和壓力。

創新是面對不可知的未來

創業真的很辛苦，這時候夥伴就很重要。很多時候，你可能付出很大的心血，最後卻是白忙一場；在熟悉成功的經營模式之前，你可能有百分之九十的時間都要處理失敗的策略，這是非常現實的，因為「創新」就是要承擔這種風險。「創新」要面對的是不可知的未來，如果你能夠預知這件事情是成功或是失敗，對我來說這就不算是「創新」。此外，「創業」和「創新」是不太一樣的，有些人說去擺小吃攤、加盟也是創業，定義上沒有錯，但那不是創新。

我們的產品主打的就是「創意」，因為我們講求的是獨特性。我們時常要發想很多全新的點子，可能好不容易想出十個，能夠執行的只有三個，最後發現其中兩個的成本太高，所以只剩一個，但這個也許會胎死腹中也不一定。所以從「創意」到「創新」，最後變成長期經營的「創業」是痛苦的，大家往往只看到成功的結果是快樂的，卻忽略執行的階段裡，有很多時刻必須面臨各種考驗。

這幾年來，「創業」在台灣變成一種風潮，育成中心愈開愈多。不管是民間企業或政府部門，似乎將愈來愈多資源投入於鼓勵創業之中。但我覺得台灣創業環境的缺點還是在於投資人的態度。對台灣的投資人來說過去習慣炒短線、短視近利的模式，包含炒股票、炒房地產；但是在面對「創新」的時候，一來有著不容易估算的風險，二來短期內可能看不到回收，這使得很多新創公司沒有辦法得到相對應的資金和資源，我覺得這是台灣創業環境最大的問題。

新創公司的規模小，所以一旦失敗了，解散的也不過是兩三個人的小團隊。但是小團隊是不是需要資源？擁有資源的企業和投資人是否又願意冒險？這兩者之間的差距就形成了台灣創業圈的鴻溝。最合理的情況下，最優秀的人才應該要投入創業，但是在台灣的傳統教育和社會氛圍裡，我們最強的人才大部分仍然會流入大企業體系，我覺得這是最可惜的地方。

照片提供：綿羊犬藝術有限公司

LESSON 7

顛覆觀念，找到產品決勝點：我們要獨立思考的能力，不做考試的機器

SK2 TOEFL

公司簡介：SK2 TOEFL 顧問團隊於四年前創立，藉由引進翻轉教育的理念，重視批判性思考的教學，和大量舉辦免費分享講座，成功衝擊了補教市場。SK2 TOEFL 至今已協助上千名學生出國完成夢想，同時也是PTT托福版近年來同學高分分享文章最多、破百率最高的機構。

網站：sk2toefl.blogspot.tw

創立時間：二〇一二年。

創立經過：有感於傳統補教機構教學填鴨，留學資源分散，故邀請有創新教學熱忱的教師加入團隊，創立 SK2 TOEFL。希望培養台灣學生正確學習英文的態度和方法，並協助學生快速適應國外留學生活。

商業模式：小班教學，助教隨班，並提供無限次數學習諮詢、作業批改，以服務好每一個同學。並與留學不同階段的專業團隊成為合作夥伴，建立一站式服務，完成學生留學的夢想。

「創業」就是選擇生活方式，並且堅持的過程——SK2 TOEFL 共同創辦人 David

其實，我在大學時，就知道自己會走上創業這條路。在大學期間，我常聽已在工作的學長姐分享他們的經驗，也不斷思考「工作」對我的意義。一段時間下來，我理出幾個選工作時的考量：生活方式（工時長短、時間分配自由度）、工作內容是否喜歡（興趣和能力能否結合）、工作報酬（薪水和成就感）。畢業前，我理清了，我對於「工作」的要求順序：生活方式、是否喜歡工作內容、工作報酬；時間要自由且工時少，是最重要的。因為對我來說，有時間思考，發現其他的可能，是人生中最不可或缺的。但台灣大部分的公司，無法滿足我對工時和時間分配的要求；到海外工作，情況也大概如此。而創業，就是選擇自己的生活方式最直接的路——所以我選擇了創業。

創業，就是選擇自己的生活方式最直接的路

回想起來，在台大外文系時，我便常蹺掉必修，去上自己喜歡的課——雖然因此也付出了不小的代價——或是在圖書館裡找有趣的書看；課餘時間，也喜歡跑不同性質的活動，認識各種有趣的人。在學時，我會主動走出「教室」，尋找我認為我該要得到的東西，製造自己想要待在裡面學習的「教室」。工作也是一樣的。我希望在理清自己的追求之後，自己選擇。這選擇可以是我創造的，而非必然要從現有的選項（工作）中強迫作出選擇、妥協與接受。建議大家在選擇創業時，先去思考自己對於「生活方式」、「工作內容」、「工作報酬」的「排序」。思考清楚之後，不管你選擇什麼，都更容易堅持下去，不致迷失自己。

大學期間我就有教書的經驗，知道自己對教學有熱情，也有能力，加上時間安排較為自由，「教書」一直是我創業的一個主要選擇。畢業前藉著昔日友人的介紹，我找到幾個想法類似、能力也能彼此信任的夥伴，組

成了托福教學團隊「SK2 TOEFL」。我們的團隊是行政、行銷、教學全包，一切從頭做起。一開始確實辛苦，但夥伴們和我都認同「創業就是完全對自己負責、執行，並且堅持」，所以我們不斷藉由溝通、分享、激勵彼此。一路走來，至今四年多，做出了相當不錯的成績。我們的托福團隊，每個月約有一百多位學生，而合作夥伴的 A2 GMAT 團隊、Mason GRE 團隊，在 GMAT 和 GRE 教學也得到了非常多同學的認可。

行銷可以讓創業者突破，但產品才是決勝點

以補教界來說，創業初期的行銷是最困難的。如果行銷沒做好，即便教得好，口碑也很難建立起來。於是，我們頻繁舉辦免費講座，請上過課的同學來分享，增加曝光；搭配同學不斷口耳相傳，在 PTT 托福版上主動分享高分心得，我們的學生數量一直穩定成長。前年開始，我們也不斷接到台大畢聯會、政大管院等院校級單位的邀約，希望我們去辦講座，

分享正確的英文學習觀念。然而，能維持住學生數量，靠的還是教學上的不斷突破，和教材的不斷精進。所以我以為，行銷可以做為一時的突破點，但長久下來，還是看的是產品和服務本身是否夠好——這才是一個好的創業團隊的核心競爭力。

SK2 TOEFL 的願景，是集合有想法、有能力的老師，顛覆「以考試引導教學」的補教界，讓每一個想出國的同學都能出國逐夢，並且快速適應國外的生活環境。我們教的是托福，強調的是「邏輯」，和表達的「自信」。藉由不斷地引導、互動，同學會大量練習「表達」和「批判性思考」；藉由有邏輯地分析考試，同學可以理解考試「為什麼要考這些」，進而理解「所學的東西和現實生活的關聯」，以及如何最聰明的準備托福。

相對地，許多傳統補習班教的是純粹的「考試技巧」，除了考試，無法用在任何地方；也就是說，一個人花多少時間準備考試，人生就空白了多少時間。這是我們的競爭優勢，也是我們的核心價值——在 SK2 TOEFL 學到的任何觀念、技巧，都可以學以致用，更可以讓同學取得高分。

質疑既有觀念，不畏現狀，堅定自我

上課中，除了教托福，我們也會拋出問題，幫助學生思考：「為什麼要出國？」、「出國想要得到什麼？」、「具體怎麼做到？」我們也會舉辦留學分享會，鼓勵過來人分享他們出國留學的經驗。如此，便會讓同學思考，「回來之後的生活，真的和我想像的一樣嗎？」我認為，讓大家思考「為什麼」要出國，甚至比告訴大家「如何」考取高分出國更重要——因為只要一個人找到出國的理由，有了夠強的動力，自然願意努力學習。

另外值得一提的是，我們的商業模式是利於團隊成長的：和大部分的補教機構不同，我們願意投資在老師身上、在研究考試與教學方法上；所以，我們很容易吸引實力堅強，希望能改變教育的老師，加入我們的團隊。到現在，我們已經擁有GRE、GMAT、TOEFL的顧問團隊，也和許多知名的留學代辦合作。可以說，一個同學起心動念想要出國，找上我們，我們有信心在留學的每一個階段，都能給出最好的服務。

不管是否要創業，我都鼓勵大家多去質疑既有觀念、去挑戰現狀。我現在能創業，並且取得一定的成績，正是因為挑戰了很多的「陳腐觀念」。許多觀念是我們每天所見，習以為常的。但開始質疑這些觀念，便會發現，其實我們並不一定滿意現況。創業的過程，就是「經由質疑找出問題」，「經由思考發現機會」，「經由挑戰解決問題」。經過了這樣的思考過程，而選擇了自己的生活方式後，我相信，不管是創業還是人生，每個人都能走得更堅定。

「創業」來自熱情——
SK2 TOEFL 共同創辦人 Rosa

自師大英語系畢業後，我很迷惘、不確定自己未來想要走的路。我曾經在廣告公司做了一年的策略企劃，我發現雖然很喜歡這份工作，但時間完全是老闆的，常常因為公司臨時需要開會而取消週末原訂的計畫。有時我跟同事加完班，半夜一點多，坐著小黃，踏著月光回家時，不禁思考自己的人生為到底追求的是什麼？對我而言真正的快樂是什麼……我不是很滿意這樣沒有任何時間自由的生活方式，而從主管的身上我也看到了，若繼續做上班族，三年、五年，甚至十五年，未來的自己會是什麼樣子。我突然明白，自己的快樂不會是建立在有多麼崇高的社會地位、擁有很高的收入，而是能夠自由自在地做我喜歡的事情，並且我也意識到所謂的「時間自由」是指能夠自己自由決定什麼時候要工作、什麼時候要休息。

思考人生，使我決定走上創業一途

因緣際會地，有次新認識的朋友見我對教學有熱情，便問我是否有興趣創業。深入了解後，我也幸運地找到幾個有共同理念，對教學有熱情的夥伴，創立了托福品牌「SK2 TOEFL」。因此，我認為決定創業的關鍵三要素是「能力」、「夥伴」以及「熱情」。以我自己為例，我需要具備英語相關的專業背景以及教學、研發教材的能力，也需要遇到志同道合、同樣希望創業的朋友一起前進，更需要有對於教學滿滿的熱情，才能夠一直堅持下去，不斷精益求精。

一開始，對我來說，創業初期遇到的困難就是：很難單獨靠創業溫飽。由於自己要扛起工作責任和業績，遇到了淡季，甚至可能會負債，如果這個月只有一個學生，可能連支付教室費、講義費與水電費都不夠，就更不用提領薪水。因為收入不太穩定，剛開始我除了經營「SK2 TOEFL」之外，一邊在廣告公司上班，也一邊四處教課。

創業不是一開始就能夠從零到一、從無到有；有些人可能覺得要成為創業家，下個月就會開始有錢，但現實不是這樣的。因為一個新的想法出來時，要讓社會認可，需要很長一段時間。而且這個想法本身也需要不斷修改，不斷測試市場，確認是否為社會需要的東西。因此我建議有創業想法的同學，可以先邊工作，邊籌劃創業的部分。等到有了穩定的收入再投入創業的行列，會更穩定、也能夠更堅持。

創業需要堅持，不會一蹴可幾

雖然創業一開始會面臨許多困難，但是其實也有非常多優點。

第一，不外乎是跟理念相近的夥伴一起工作。這是非常快樂的事情！有時候我甚至會覺得，假如今天是世界末日，我依然會選擇下午與夥伴一起開會討論新教材，晚上教學，為了我們共同的夢想、偉大的計畫而奮鬥！

第二，我可以培養很多能力，如：隨機應變以及解決問題的能力。當我遇到了抱怨課程內容的客戶，我需要聆聽、同理客戶的感受，再去滿足他的需求。當我必須在一天內生出新講義，卻不會排版時，必須自己找資料學習、實驗，不會的話，趕緊向夥伴求救。我認為許多在創業過程中培養的能力，像溝通能力、解決問題的能力、美編等，都是在日常生活中非常實用的。

第三，最重要的是，我可以用自己的力量影響社會，幫台灣的同學建立正確的英語觀念，讓更多人對於學習英文有熱情。台灣學生的共同問題是沒有熱情，而且缺乏解決問題的能力。透過上課的互動，課後的讀書會、諮詢，我能夠幫助同學找出適合自己的念書方法，不只解決托福的問題，更能夠了解如何運用更有邏輯的方式去思考人生。從創業一開始，只在乎薪水夠不夠支付每個月的生活費，到後來，我慢慢了解到，原來我的快樂並不是來自金錢或社會地位，而是能夠影響多少人的觀念，或是幫助多少人托福破百，申請到夢寐以求的學校。對我來說，這是最實在的快樂。

喜歡自由、適應市場、高度熱情

我想假如你很注重自由，希望凡事可以自己作主，那麼你本質上便是適合創業的。但是只喜歡自由還不夠，你還必須有不斷堅持，以及不斷改變來適應市場的能力。因為創業的過程中，你會天天都在面臨新的挑戰，天天都有新的目標，腦袋所想的幾乎二十四小時都是如何讓這個品牌更好，所以除了堅持與適應力之外，還必須要有非常非常多的熱情，熱情才能夠激發出新想法、新火花。

我認為，想要創業的人通常比較

喜歡改變、不喜歡一成不變的日子。而當你有熱情，便能夠一直持續不斷的改變、進步。不過，即使你目前沒有對於某方面特別有熱情，也不確定自己是否有辦法堅持，或是有沒有不斷改變的能力，其實都沒關係。因為這些能力，很多時候，是在創業的過程中，激發自己潛能，更了解自己，因而慢慢學到的。所以我認為，只有你有一點點想要創業的想法，對創業這個想法有熱情，我都會鼓勵你試試看！

照片提供：SK2 TOEFL

LESSON 8

了解需求，永遠不停止努力：不懂為什麼不問？從師生互動裡看見契機

學悅科技

公司簡介：學悅科技主要宗旨是提供老師與學生角色上的翻轉體驗，增進師生之間的互動。公司開發的 Zuvio 雲端即時互動系統，設計目的在於使教師在課堂上能夠與學生進行即時問答互動，同時觀看學生作答狀況，並在課後透過系統檢視學生的作答結果，以幫助教師建立多元課程並掌握學生學習狀況，縮短師生溝通距離與理解落差。

網站：www.zuvio.com.tw

創立時間：二〇一三年。

創立經過：在學校擔任助教期間，觀察到師生之間消極的互動方式，許多同學有疑問卻不願意主動開口，因此決定開發技術，進而召集團隊成立公司，一同致力於翻轉教育的工作。

商業模式：公司產品銷售。

學悅科技董事趙式隆

我父親在我年紀很小的時候就過世了，因此在我大學期間的所有學費、生活費都是靠自己賺錢支付的。在我高中的時候，曾經代表國家參加了兩次的國際生物奧林匹亞，但在高三的那年第一次接觸了ACM國際大學生程序競賽，發覺最有興趣的學問，是用演算法解決問題，又聽說當時竹科電子新貴的股票分紅可以破千萬，當下就立志三十五歲退休，於是選擇了電機系。

就讀大學那段時間還滿辛苦的，我曾經同時擔任八個學生的家教，幾乎沒有時間上課，別的同學是蹺課出去玩，我是蹺課去讀書，跟上學校的進度。而且我發現自學的效果比上課好，就把幾乎全部上課以外的時間都拿去擔任家教。在我大二那年，雅虎奇摩舉辦了一個全國性的大型行銷比賽「尋找雅虎奇摩接班人」，在勝出之後，我進入當時號稱是「全國最頂尖的行銷人才聚集」的雅虎奇摩行銷部擔任實習生，當時我負責行銷的產品，包括雅虎奇摩知識＋、雅虎奇摩生活＋等等、也目睹了無名小站被併購的整個過程。

大三的時候，正逢網路告別數據撥接邁入寬頻上網的時代，開始出現架設網站的需求，我開始幫忙一些公司設計網站、電子報、處理主機等等，算是我的第一次創業，也第一次發覺，原來賺錢其實真的不是一件那麼難的事情。大四的時候，我原本是立志想要當教授的，也做足了一切出國讀博士的準備，但在臨行之前，因為家人的健康因素，所以決定留在台灣，為了一圓當教授的夢想直攻博士班，也成為台大有史以來最年輕的博士候選人，但結果跟我原本想的很不一樣，我沒當上教授，卻為了創業在台大待了十二年。

經歷網路改朝換代，我在台大讀了十二年

博士班一年級時我參與了「台大創意創業學程」的創辦。「創創學程」是全台灣第一個以學校的力量來推動車庫創業文化的組織，它來自於當今教育部政務次長陳良基老師當時的觀察與實踐。老師在產官學界都有很大的貢獻，在幫助了幾間新創公司成功上市之後，希望也能幫助台灣的年輕人打造一個好的創業示範環境，於是整合了校內外的資源，成立了學程。

當時，我負責執行面的工作，幫忙規劃學程內容、實際執行專案，激發一些火花，也擔任了最開始的兩任助教。台大因為是綜合型大學，聚集了各種不同類型及專長領域裡學習成就最佳的一群年輕人，但是卻沒有充分給大家一個認識與交流的機會，所以我們想要藉著創創學程讓這些人才能夠有跨界的交集。這是台大創意創業學程裡面的「創意」部分。

至於「創業」部分，則是我們當時觀察到台大人才濟濟，但大部分台大學生畢業之後都去上班找工作，過著最安穩的生活，但是沒有對於社會

有更多的貢獻，實在是非常可惜。如果這些人能有機會去考慮其他的可能性，創造更多資源和機會給其他的人，回饋社會或許也是學程能做的事情。而且有很多台大畢業生都是抱持著高階經理人的姿態去求職或創業，透過這個學程，我們希望讓他們知道，創業是很辛苦的，很多事情你是要自己動手去做，從基層做起。

創創學程做了兩年，我覺得自己的階段性任務已經完成，就回去電機系開始教技術的課程。在這之前滿幸運的是，大約二〇〇七年的時候，我有機會接觸到手機應用程式的開發（我應該是全世界第一批開始寫手機應用程式的人之一），當時 Google 要做一支跟當時的一般智慧型手機很不一樣的智慧型手機（就是後來的 Android），針對全球的開發者舉辦了一個開發未來手機應用程式的徵件活動，假如被選中的話，將有一筆豐盛的獎金、去 Google 總部上班，以及該應用會被內建在未來全世界使用這個平台的手機上。前面兩項相當吸引人，但是做為一個工程師，或許自己的產品能夠讓全世界的人使用，才是最大的激勵。雖然最後我並沒有被選上，但是卻讓我發現智慧型手持裝置的潛力，我覺得它可以改變世界。所以後來我任教的課程，就是在教大家寫手機程式和最前瞻的網路程式應用，一教就教了六年，做為當年最早的手持應用開發課程，它同時是當時台大電機系最熱門的課程之一。

不懂為什麼不問？從師生互動裡看見契機

在台大電機系教程式開發的同時，我也擔任必修的工程數學課助教。那時我常會問學生：「大家知道答案嗎？」然後發現一個有趣的現象，每次舉手的都是外籍學生，然後他們每次都答錯。台灣學生多半在課堂上都很安靜，但是一旦問他們問題，答案幾乎全對。

另外我還觀察到一件事就是，每次我停下來問大家：「有問題嗎？」教室都是一片鴉雀無聲，但是下課後就會有一群人圍過來發問。我覺得這件事有問題，為什麼大家明明不懂卻不發問呢？我更擔心的是那些沒有提問的同學，豈不是永遠都不懂？我在這裡看見了契機，覺得可以創造一個載具來解決問題。

有了這個想法之後，我立刻就去找台大電機系葉丙成老師討論這件事，並且找了他的研究生一起來做。很快地，四個月之後就做出成果來了。我們的做法是在教材裡加上互動功能，具體來說我們提供一個具互動功能的 Power Point 外掛程式，當老師在台上講課時，台下的學生可以立刻對即時的問題做出回應，師生之間有了另一種互動模式。我們也提供給一些老師試用，馬上就有了一些回饋，但是當時還是把這個當成一個開源的專案，沒有覺得這能夠成為一個商業產品或一間公司。

後來團隊裡的同學紛紛畢業就職，去大公司上班，一開始他們都說會利用下班時間回來幫忙，但事實上都在加班，根本沒有多餘的空閒時間。我們發現這樣下去團隊會瓦解，於是開始認真考慮創業的事。決定創業之後，我們針對之前老師們提出的問題做出解決方案，並且詢問他們的購買意願，很幸運地，有了第一筆收入進帳。一開始我們的目標是只要能養活自己就好，是一直到很後來才開始思考規模化的商業模式這類的事情，目前我們在台灣已經有超過了一半的大學有課堂在使用我們的系統，打進了國泰人壽和中華電信這樣的大公司，註冊使用者也超過了三十萬人，在北京也設立了分公司，這些都是不在三年多前的時間表上的事情。

開一家公司很難嗎？

在台灣，以網路創業來說，想辦法弄到台幣五百萬應該是一個合格的CEO的基本門檻。我認為想要開一家公司，CEO的職責就是搞定外部資源，錢是最重要的資源之一，如果你連五百萬都搞不定，鐵定不合格。如果金額在五百萬以下，通常專業的投資人興趣不大，只能和「3F」拿：Family（家人），Friend（朋友），Fool（傻子）。但台灣創業最辛苦的地方是天使投資人很少，從五百萬到五千萬之間這段距離，是很多新創公司最難跨越的時期，撐得很辛苦，情勢非常嚴峻。根據我的觀察，大部分的投資者都是等到過了五千萬這個門檻才會拿錢出來投資。

台灣的市場真的有限，學悅科技在台灣地區這個領域上是第一名，但是也僅僅是比損益平衡再好一些，如果接下來要求發展很直覺地會想到往外發展。但是如果面向的是歐美市場，學習情境會是很不一樣的。華人學生的問題是不主動發問，外國學生的問題是太愛發問，所以課堂上干擾很多，雖然是不同的問題，但是發展出來的解決方案卻很類似，但是做為新創公司我們也不貪多，先以大中華地區的市場為主。

從一間兩岸的公司看來，台灣現在最大也是唯一的優勢就是，我們的人才真的很優

秀又便宜。以我們公司為例，成立三年，現任設計總監已是第三任，前面兩任都被中國淘寶網以二至三倍的待遇給挖走。更可怕的是，他們過去之後才發現自己的待遇還是比不上大多數的中國同事。台灣的薪資結構對優秀人才而言，其實是完全沒有競爭力的，人才隨時都能被挖走。我們有太多資金投注在房地產和股票市場裡，貨幣政策也大有問題，我可以說「優秀的人才」是台灣目前最大的競爭優勢，但換個角度來看，沒有其他的配套，也可能是劣勢。

不要害怕失敗，失敗只是「還沒有成功」

千萬不要為了創業而創業，創業是非常辛苦的，工作和生活完全沒有界限，只有睡覺的時候才算是真正下班。而且創業初期是校長兼撞鐘，沒有錢請人的時候一切都要自己來，幾乎忙到沒有自己的時間。有的人會覺得當老闆很過癮，但是當你變成老闆的時候才會發現，每個人都是你的老闆，打開行事曆就很清楚，你的時間是被所有人塞滿的，每個人都在搶你的時間。另外就是每天都有解決不完的問題，沒有問題的時候反而覺得是不是哪裡不對勁。

如果要說什麼樣人格特質的人適合走上創業的道路，我會說樂觀的人比較適合。我認識很多創業圈的朋友，每天都要吃安眠藥才能入睡。當然，悲觀的人也可以找其他人合作，或是想辦法調適自己，總之，團隊裡至少要有一個樂觀的人，能不厭其煩地處理創業之後迎面而來的各種問題，這點很重要。

還有一個重要的特質是「正直」，因為創業之後會發現很多法規和雜務事宜要處理，或者是有一些決策常是遊走在灰色邊緣地帶，這些決策可能是對股東有害、或是對員工有害，卻是對公司管理者本身有利的，創業者要能在最後關頭不受誘惑，作出最正確的決定。此外創業絕對不能只想著賺錢，需要一些更高層次的目標跟理想，才能維持創業的熱情。特別在創業的初期，或者在規模化的過程裡，不賺錢的時間是遠比賺錢的時間多很多的，如果沒有其他能激勵自己前進的因素，通常是很難撐過這段時間的。正確的想法應該是去解決一個需求，當你的解決方案被廣泛接受的時候，其實賺錢是必須也必然的結果。

有人問我：「想過放棄創業嗎？」當然有想過，想過幾百次。但是當你對一件事堅持愈久就愈難放棄。我每天進辦公室看到那麼多人在兢兢業業地工作就覺得精神一振，他們可能放棄了很多事情、可能有更好的待遇和機會，為什麼要來和我一起努力呢？我對這些人有責任。從股東的角度來說，願意投資也是信任我的能力，我不想讓他們失望。基本上「創業」就是每天都在學習，很多問題沒有人解決的時候，就只能自己去解決，所以我每天都在學習新的技能。

人生中每個決定往往會有不同的際遇，創業有創業的甘苦，上班族也有上班族的甘苦。面對壓力的方式就是習慣它，長期處於高度壓力的狀態下，你就會慢慢習慣。創業比較有趣的事就是會遇到很多精采的人和有趣的點子，可以幫助到其他人，給我的感覺是滿棒的。至於創業帶來什麼快樂？這種精神層次的問題我很少思考，因為根本沒有時間想這些。我反而覺得討論「失敗」這件事比較有趣，特別是很多台大的資優生一路走來都很順利，也許他們的人生當中根本沒有失敗過。

台灣人對於「失敗」往往很恐懼，但是我在矽谷看到一個很有趣的現象就是，幾乎每個成功者都失敗過。美國人對待失敗的態度和我們大不同，他們的態度非常正面，不認為那是失敗，只是「還沒有成功」而已。二〇一六年我和台灣矽谷創業家協會成員、國家實驗研究院科技政策研究與資訊中心、台灣創新創業中心、台北市政府產業發展局共同舉辦了第二屆的「XFail 失敗者年會」，我想要告訴大家，「停止努力才是永遠的失敗」，失敗其實是難能可貴的經驗，也是創業的必然。

照片提供：學悅科技

LESSON 9

即知即行，和團隊交流激勵：以「握手」取代「名片」，雲端讓我們更靠近

LOOPD

公司簡介：Loopd Inc. 美商鹿普登有限公司結合穿戴式裝置、手機APP及雲端技術，蒐集大型展場參與者的資訊及互動數據，以利提供展場主辦單位分析數據平台，助其優化展場安排。

網站：www.loopd.com

創立時間：二〇一三年。

創立經過：過往經歷兩次創業失敗，學會向市場學習，以五萬美金花了一年的時間來摸索和調整，解決展場上紙張浪費、資訊不流通、交換名片的麻煩與困境，發想出蒐集與分析的軟硬體整合平台。

商業模式：B2B，提供展場的主辦單位beacon技術、後端資訊分析平台，以展場人數規模定價。

LOOPD 執行長洪彥倫

我從小在美國出生長大，十二歲時回台灣讀書就業。我在銘傳大學讀的是電子工程，畢業後第一份工作是在科技公司擔任行銷，這份工作總共做了兩年半的時間。我利用工作之餘創辦了兩間公司，後來都因經營不善而失敗。不過這些挫折並沒有阻擋我跨出創業的腳步，反而讓我更清楚地找到自己接下來努力的方向。例如我在二〇一一年創業的第一間公司是做 T-shirt 設計，二〇一三年做的是交換的夢想平台，這兩間公司的失敗經驗都讓我明白了一件事：我應該要更了解市場，不要花時間做找不到顧客的商品。透過一再地修正和調整，我後來創辦的 LOOPD 便很幸運地獲得了投資，如今在台北及舊金山都有辦公室，而這一切要回到我申請台大研究所那個暑假開始說起。

價值一萬美金的課程

申請到台大研究所的那個暑假，我得知崔普大學（Draper University）的創新計畫，於是決定去矽谷取經。

崔普大學是美國創新創業相當知名的學校，收費也不低，六至八週的學校，就要一萬多塊美金的學費。他們會請各大機構的成功人士來做分享、演講、交流，我印象最深的課是野外探險，因為我竟然殺了一隻雞，超酷的。

矽谷是創業者聚集的城市，是創新的天堂，每天都有各種大大小小、不同的活動舉行。我在崔普認識了兩位新朋友，那時我們想，大家去參加活動都需要換名片，但名片換回來不見得都會收好，所以忽然之間就有個點子浮現：能否以「握手」取代名片呢？於是我們一起創辦了LOOPD。

我們現在開發的產品，是結合了穿戴式裝置、手機APP及雲端技術等，能夠蒐集各種活動現場參與者的資訊以及互動數據，並提供主辦單位分析數據平台，目的是幫助活動主辦單位透過這些數據資料做進一步的優化展場安排。

如果比較台灣和美國在創新、在環境上的差異，我覺得最大的不同還是在教育。最關鍵的部分在於，美國很注重批判式教育（critical thinking）。批判式教育能訓練你的邏輯思維，我覺得這正是台灣和美國創業環境的差別。我自己對台灣創業環境的觀察，大致可分為幾點：

一、台灣教育及大環境都過於保守：我們的社會及文化不鼓勵創新，不太能夠接受失敗。

二、台灣新創團隊有優秀人才，卻缺乏資金和資源。

三、台灣的產業習慣做量產的生意，缺乏創新的思維。

四、美國教育多元化：他們重視音樂、美術等學科，這在台灣的教育體系是被忽略的。

想做什麼就去做，千萬不要怕失敗

在創業的路上，一路走到今天，我每天都遇到不同的問題，包括找人才、找客戶、經營管理、設計、開發產品……不過創業就是如此，我認為只要有想法就去做，不要怕失敗。

我尋找員工有一個準則，就是要和我一樣具備創新及熱情的人，學歷、年紀並不重要，我比較在乎的是能力。另外，我也希望想創業的朋友，有機會的話一定要去矽谷走走，去感受創業的氛圍。在那裡，人人都致力於創業，每天睜開眼睛都有新鮮的事情在發生，到處都有跑不完的座談演講和活動。

我認為台大車庫就像在打造台灣的矽谷。台大車庫提供了創業的空間和環境，每個進駐的團隊也常相互交流、激勵。車庫會安排很多知名業界人士來擔任我們的業師，增加我們的實戰經驗，也提供了諮詢管道。

創業至今，我從來不覺得自己已經成功了，每天早上清醒時睜開眼睛，仍然有千百種問題在等著我去解決，但我不覺得痛苦或是有任何想放棄的念頭，因為我對自己的產品有信心，這是支持我走下去很重要的原因。

如果問我創意的源頭來自哪裡？可能和一般人不大一樣。我是工作愈忙愈有想法、愈有創意的人。而我想給創業的朋友們的建議只有一句話：「有想法就去做，不要怕失敗。」

照片提供：LOOPD

LESSON 10

邊做邊學，堅持到最後一步：重新發掘「聲音」和你的關係

聽力雲

公司簡介：「Erdo 聽力雲」致力於提升全球的聽力保健環境，從使用者角度出發，為每個人打造專屬的聽力服務。「Erdo 聽力雲」的訴求是：認識聽力 Know Hearing、保護耳朵 Protect Hearing、享受聲音 Enjoy Hearing。透過快速、免費的聽力檢測，輕鬆了解聽力狀況。

網站：www.erdo.cc

創立時間：二〇一四年。

創立經過：注意到家中長輩聽力受損，卻不願正視、檢查過程困難的問題，決定研發簡易的線上聽力檢測產品，讓大家正視聽力健康的重要性。

商業模式：提供線上免費聽力檢測服務，解決傳統檢測過程繁複、結果不詳細的情形，並找尋適合消費者的聽力方式。

聽力雲執行長及創辦人廖玄同

我從小就不是乖乖牌，喜歡天馬行空、胡思亂想，遇到問題就會主動去解決它，想盡各種方法找出答案。如果要說自己擁有適合創業的特質，應該是「好學」吧！我不敢說自己特別聰明或特別能幹，但是對任何陌生的事情都很樂意去學習，而且學得很快，像我創業之後很多時候都是自己一個人面對，必須學習很多原本不知道的東西，包括財務、法律……一開始創辦「聽力雲」時，我對於「聽力」這個領域也是完全陌生的，由於奶奶的聽力出了一些狀況，因緣際會之下才開始研究人體構造、聽力問題。大概有一年的時間，邊學邊做，也參加了資策會、科技部舉辦的各種比賽，然後串起一些資源。

很多人會留意自己的視力狀況，卻常常忽略聽力。「聽力雲」目前的資料庫已經累積到上萬筆，透過這些資料我們發現，每個人的聽力不同，其實會造成每個人的聽覺、對於接受到的音樂感受也不同，所以我們下一步做的是「量身訂做適合你的音樂」。

行動網路時代來臨，掌握時機創業

從台大物理系畢業之後，其實我應該要走上學術的道路，可是我觀察到世界的趨勢正在改變，很想跟上這股創業的浪潮。二〇〇〇年全球邁入網路的時代，那時還是學生的我錯過了！現在到了行動網路的時代，我問自己：「我還要再錯過一次嗎？」雖然我對物理很有興趣，但是早一點或晚一點都可以做，不會有時機的問題。而且現在這個年代的「創業」就是邊做邊學，因為我們面臨的事物都太新了，遇到問題必須一路修正，誰也不知道最後結果會是什麼樣子。我覺得「創業精神」中，最重要的是「堅持」和「團隊」。有時候很多好的點子，只是因為沒有堅持下去，就無法到達成功的最後一步。

以前我也有過一個「door」的想法，覺得網路上時常要登入太多帳號、密碼很麻煩，有沒有可能一種方法是，只要設定好一組，可以把全部的帳密串起來，後來做到一半放棄了！現在回過頭來看，當時自己的技術不到位，但其實可以尋找技術到位的人來組成團隊。

「創業」有時候就是遇到問題，然後找出答案。為了解決這個問題，去做出產品，而後規模化、產品化。我自己做「聽力雲」就是這樣，只是我從學生時代就開始嘗試，現在整個創業生態和環境都比以前好很多了，只要你有好的想法，資金不是太大的問題，而且如果一開始資金就到位，也許反而會引發其他的問題。像現在大家都講「精實創業」（Lean Startup），你先有一個小小的點子或原型，然後不斷去修正，找到最好最適合的方案。如果一開始資金到位，你很可能就會投入大筆資金先去做產品，但是如果後來發現誤差想要修正，可能會付出更大的代價。

二〇一四年九月，我們團隊入選了矽谷創投家組成的 SVTA Immersion Program「矽谷培訓計畫」，在那裡學到很多，我的許多創業概念都是從矽谷學習而來的。我們在矽谷每天沙盤演練做簡報，向許多投資人介紹我們的產品，詢問他們的意見和想法。有一次投資人聽完我們的簡報介紹後，劈頭問了一句和我們產品不相干的話。他說：「你們希望你們的企業文化是什麼樣子？」

美國台灣大不同，來自矽谷的震撼教育

我當時愣住了，這個問題太大了！我壓根沒想過。我們甚至沒有創造出一個「企業」，怎麼會想到「企業文化」？這個投資人是華人，他告訴我們什麼是矽谷精神，以及矽谷創業圈的故事。他也以惠普為例，告訴我們什麼樣的企業文化能夠留住優秀的人才。惠普在矽谷是最早創業成功的例子。在這麼多創業的例子裡，影響我比較深的是Dropbox的創辦人德魯・休斯頓（Drew Houston），他是少數沒有休學創業、而是畢業後創業的例子，而且他尋找團隊的經歷帶給了我不少啟發。

在矽谷，我受到最大的震撼是來自Google。提到Google的商業模式，我跟大家一樣，第一時間就想到「廣告」，但Google給我的答案遠遠超過我的格局，他們想的不是怎麼賺錢，而是如何「讓人才進入Google」。廣告是目前的商業模式，但只有招募到全世界最頂尖的精英加入，讓每個人進去後能夠發揮自己的長才，才能在一波波的轉型中勝出。

我在矽谷得到的另一個震撼就是創業不要有「秘密」。在台灣，我們時常把很多創意點子當成機密，但矽谷不是。因為你會想到的點子別人可

能也想得到，你說出來讓更多人聽到，就有機會得到更多的資源；而且要讓各種不同領域的人知道，才能有跨領域的交集。然後透過交流得到的意見回饋，都有助於修正你的點子，朝更正確的方向前進。我鼓勵創業者如果以全球市場為目標，一定要先去矽谷試試看，因為那裡的資源太多了！他們的創業生態圈也比台灣完整，台灣創業圈經常局限於國內，這點真的很可惜。

「聽力雲」從二〇一四年六月面臨了一大考驗，因為發現到我們的產品很多人喜歡，但它不是一個人人都願意付費的產品，如果無法產生利潤，商業模式就有問題。所以我們針對產品的規劃方向做了更大的推進，今後將會跨足到娛樂產業，並且以邁向國際為目標，繼續努力前進。

照片提供：聽力雲

LESSON 11

確定目標，克服層出不窮的挑戰：男性穿搭的垂直市場

Fersonal

公司簡介：Fersonal 是專為男性設計，提供專業且客製化的穿搭服務，吸引許多為穿搭煩惱的男性朋友們。

粉絲專頁：www.facebook.com/fersonal.co/

創立時間：二〇一三年。

創立經過：想解決男性為穿搭煩惱的困擾，透過專業諮詢，快速幫助男性找到適合的服裝穿搭顧問服務，並從中創立出全新通路及數據分析的垂直市場。

商業模式：線上預約諮詢時間之後，由形象顧問建議合適服裝，顧客滿意後可現場直接購買的一站式服務。設計師及廠商方面，可獲得新型態銷售展示通路和第一手的顧客回饋，及商品改良建議，也成為另一種全新的垂直市場通路。

Fersonal 創辦人及執行長王涵

我的性格比較獨立，從小就很有主見，喜歡自己決定事情。國中和高中都是就讀語文資優班，對外語很感興趣；雖然大學讀的是台大戲劇系，但是在大二的時候接觸了YEF（Young Entrepreneurs of the Future，國際青年創業領袖計畫），開始有了創業的念頭。

獨立自主的創業性格

那時我有個機會去加州的孔子學院擔任華文助理，抱著對於創業的憧憬，衝動地決定休學，前往美國創業；為了在美國生活，並且能夠有機會拓展目標客群，我申請了一份華文助理的工作。由於父親是書法家，我從小就耳濡目染，練就了一手寫書法字的本領，於是利用課餘的時間推動一間「創意書法工作室」，教導外國人書法的歷史與漢字的演變。不過很想在學校裡開課的我，卻在家長會裡遇到了阻礙，為了說服他們，也希望課程能夠採收費制，我認真規劃了一堂示範課程，結果成功地說服了家長和學校。現在回想起來，當時我對創業的想法真的滿天真的，但那次經驗讓我對創業有了初步的認識。

回到台灣之後，我決定報名台大的創創學程，創創學程裡的必修課都和創業相關，我覺得收穫很大。我在創創第五屆的作品是「Runway 走時尚」，並且在半年內舉辦了兩場時尚走秀派對。

我自己本身非常尊重服裝設計這門專業，但是對一般人來說，「時尚」似乎是有點遙不可及的事，在服裝秀的場合往往也只看到大明星或社交名媛們的身影，我忽然靈機一動，希望打造一個大家都能來的時尚派對。

我覺得一般女孩子其實都喜歡看秀、談論時尚，所以設計的派對是有主題性的，例如第一場是下午茶派對，第二場是玩色派對，接下來我和夥伴們去找了《VOGUE》雜誌、OPI 彩妝、歌劇魅影等知名品牌談合作，我們針對二十五歲至三十五歲的女性族群，和廠商談合作的時候都會站在彼此互惠的立場，出發點是「交換」而非「贊助」，因此成功的機會提高。

此外我們也在網路上販售門票，最後締造了約兩百人報名的紀錄。第二季我們甚至還有多餘的經費自己印雜誌，利用雜誌的內頁販賣廣告。

這個專案算是非常成功而且有商業機制的，創創學程的老師都鼓勵我繼續做下去。但是我自己後來評估，做活動要耗費相當大的時間與心力，而且我最初的理念是希望能夠幫助服裝設計師，讓大家親近時尚，但後來愈來愈忙，變成以活動為重心了。我重新

省視自己的理念，整理自己的想法，陷入了「究竟是要賺錢還是為了理念奮鬥」的抉擇。最後，我進入台大車庫，成立「Fersonal 男性專屬形象顧問」。

創創學程表現優異，跨足形象顧問業

我那時留意到，男性的消費力其實很強，是值得切入的市場。我蹲點很久、做了很多功課，也請教了很多男性朋友的意見，發現很多男生不懂穿搭，所以容易亂花錢；我心想，如果能幫他們做穿搭方面的諮詢服務，就能幫助他們改善不懂穿搭的困擾，甚至幫他們省下一筆錢。

二〇一三年八月，Fersonal 開始正式營運，我先選好幾個品牌的單品寄賣，顧客穿搭滿意之後就可以直接購買，等同於幫服飾品牌做分銷，減少他們的倉儲負擔，成為一個新通路。我們透過臉書和交友平台宣傳，二〇一三年底，衣服多到台大車庫放不下！於是我決定在台北信義區承租店面，擴大營業。

二〇一五年，台北店業務趨於穩定，我們便在新竹進行拓點，目標族群是新竹科學園區的工程師，他們平日工作忙碌，沒有太多時間逛街做穿搭，正好和我們精準、快速的訴求一致。除此之外，我們更開發出培育形象顧問的專業教材，區分出初、中、高階，以階段性的培訓機制，分批快速培育專業領域的人才。

二〇一六年，我們決定切入女裝市場，針對女性不同的個性屬性，連結到不同的心境轉變，開發出全新型態的服務模式。我們想要讓每個女生都能尋找出最基本的版型與身形的關聯性，進而就能以簡潔卻能散發出個人魅力的基本款服裝穿搭出自己的風格。

至今，我們平均每天服務二十五至三十五個顧客，現在每個月顧客高達近千位。由於市場反應愈來愈好，漸漸累積破萬名會員，也有愈來愈多的男裝品牌廠商找我們洽談合作，更進一步地也希望我們提供數據分析，以利設計出符合消費者趨勢的服裝。

確定目標再行動，勿為創業而創業

創業的每個階段都有不同的困難要克服，擴編後，我才漸漸意識到，以前公司規模小所以做事效率很高，我也習慣凡事自己動手做，現在業務和規模都增加了，領導和管理又是另一個層次的難題。

雖然創業是一個問題層出不窮的挑戰，到目前為止，歷經競爭對手的挑戰，員工教育的扎根，我依然每天充滿熱忱，因為我覺得自己的工作很有意義，服裝只是媒介，連結到正確的人，就能創造能量。我曾遇過一位顧客，他是一位育幼院的院長，也許是因為工作的關係，全身上下只有黑、白、灰三種顏色。我和他仔細聊過之後，發現原來他在工作之餘是一個熱愛搖滾樂的吉他手，在穿搭的過程裡，我試著替他在正經嚴肅的日常搭配之外加上一些他會喜歡的搖滾元素及色彩，讓他在工作的時候也可以展現活潑熱情的一面。

我覺得我的工作就是在幫助每個人找出自我，讓他們透過認識自己，到更認同自己，並勇於展現自己。對於想創業的朋友，我的建議是：「創業很辛苦，千萬不要有美麗卻錯誤的想法，確定你真的想做什麼、目標是什麼再行動，絕對不要為了創業而創業。」

照片提供：Fersonal

LESSON 12

挖掘經驗，就能開發出新服務：銀髮族商機！打開電視就能視訊

瑪帛科技

公司簡介：瑪帛科技以老年人的心靈照護為主，透過友善的界面與設計，為老年人提供最新科技的服務、最舒適的生活體驗，讓銀髮族也能輕鬆享受高科技帶來的方便。

網站：www.mabow.com.tw

創立時間：二〇一四年。

創立經過：兩位創辦人赴北部讀書後與奶奶相處時間少，發覺老人不擅長智慧科技，卻很依賴電視，故發明了以電視為媒介，讓老人也能使用的簡易視訊裝置。

商業模式：售出硬體，並搭配定期尋訪造訪養老院進行陪伴活動。另推行銀髮科系學生遠距陪伴銀髮族計畫，透過多聊天、多社交，讓爺爺奶奶的生活有更多樂趣，並協助處理生活大小事。

瑪帛科技創辦人 顧偉揚

夥伴是最重要的創業條件

「瑪帛」科技的原名是「媽寶」，這是我們一開始創業時隨便取的，覺得「媽媽的寶貝」這層意思很有趣。後來事業逐漸步上軌道，有創業前輩說這名字也太好笑了、不夠正式，所以我們才改名為「瑪帛」科技。

我在淡江大學念機械與機電工程學系的時候就想創業了，但那時候沒有遇到合適的創業夥伴，所以先去報考台大生物機電工程研究所，原本計畫畢業後開始乖乖找工作，也拿到了台積電的聘書，只是心裡還是一直對於創業有所憧憬，所以當我遇見了志同道合的創業夥伴，立刻就告訴自己：「就是現在，我要創業！」

我和六位夥伴以十萬元展開了創業的行列，並且找了台大一間空教室當作創業基地。有次我去參加創業小聚的活動時遇到了資策會的組長，聽完我們公司產品介紹後覺得有發展性，於是很大方地提供創業空間給我們，在資策會進駐了一段時間之後，接著又進駐台大車庫和台大育成中心。

一開始，我們是採用扁平式管理，大家平起平坐、各有各的想法，結果當彼此意見分歧時無法有效率地作出決定，一夕之間團隊就瓦解了。這次經驗讓我得到了慘痛的教訓，知道朋友的交情和工作職責之間很難劃分，所以創業盡量不要找朋友！

最後我和另一位留下來的創辦人抱持著「不想讓人看笑話」的不服輸精神，硬撐了下來。那段時間我們要負責寫報告、去外面比賽、跑活動，還要負責寫軟體程式，真的很辛苦。現在我們的團隊有八個人，每個人對工作都懷抱著熱情，全力以赴，在工作上也有很大的發揮空間。

或許因為我有一張娃娃臉，出去談事情時，對方常常都會感到意外，「怎麼是一個大學生呢？」似乎覺得我看起來太年輕了！不過優點是大家更願意給我許多機會和幫助；另外，我們團隊成員的家人有些也是抱著懷疑的態度，但在見過我後，就願意給我機會。整體來說，大多數人都樂於幫助我們，不少投資人看好我們，許多廣告商也想和我們合作；我覺得自己是很幸運的創業者，一路走來都還滿順利的，但這更加重了我的責任感和使命感。

老年人要的只是陪伴

瑪帛科技主要是開發銀髮族的商品，我們團隊的最大核心價值就是關懷老年人，希望喚起大家對於「老年人的心靈照護」的重視。這來自我個人的經驗，我和奶奶從小感情就很好，後來到台北讀書以後，見到奶奶的時間就變少了。有一回我和朋友聊到這件事，朋友說：「那你教你奶奶用LINE

或SKYPE就好啦！」我也很認真地教奶奶使用這些通訊軟體，但是她始終學不會，那時我也想過運用其他方法，可惜還沒找到，奶奶就過世了。

後來我和一些朋友去做志工，發現很多老人家和我奶奶一樣，覺得很孤單，希望有人陪在他們身邊。很多老人常和我說想自殺，我問他們為什麼，他們的回答都是：「因為寂寞。」

老年人最嚴重的其實不是身體健康問題，而是心靈照護問題。所以當我決定創業時，就想到以關懷老年人為出發點，希望提供老年人進入網路世界的服務。很多人或許會說，「老年人不需要網路，網路是年輕人的世界！」我並不認同這樣的說法，像我自己在等公車的時候，常常會有老人走過來問我：「公車什麼時候來？」我只要用手機連上網路查詢一下就知道。

因為長時間擔任志工，我有機會受邀到社區大學擔任講師，教導老年人如何使用LINE和SKYPE。但是每次上完課，很多學生就會和我說，他們抄了很多筆記就是不會用，不然就是前一天上完課，第二天就忘光光了！

因為對奶奶的愛，意外打開銀髮族商機

看來要老年人學會科技產品真的有很大困難。我心想，「有什麼辦法能夠讓他們很快地學會使用這些工具呢？」後來我發現一個關鍵就是：老年人都很喜歡看電視！他們每天無所事事，最大的消遣就是看電視。為了讓老年人能夠以最簡單的方式使用，我們的產品服務也很單純，只要安裝機上盒打開遙控器和電視，就能和他人視訊。我們甚至沒有更改任何電視設定，因為很多老年人只要更改設定就不會使用。我們為了這項產品，也特別針對平板和手機寫了程式軟體，對方只要下載應用程式，就能夠接聽。

有人或許會問：「為什麼不把開發給老年人的產品直接安裝在手機或平板電腦，而是電視？」我明白老年人的習慣，他們拿到手機很容易忘記

放在哪裡或弄丟，平板電腦可能又會被孫子拿去打電動，電視是他們最熟悉的工具。

我們的產品開發出來之後，光是養生村和養老院的訂單就已經應接不暇，也有不少投資人來找我談合作，不過接觸過後，有些不是很適合，我就直接婉拒了！我認為創投的角色很重要，很多投資人是抱持著想要當老闆的心態，且未來發展方向與理念和瑪帛不同，有些甚至要求我們配合他們的計畫，如果我答應了，等於變成他們的賺錢工具，這與創業初衷背道而馳，我又要如何對夥伴與自己交代呢？

如果給想要創業的年輕人一些建議，我覺得是「不要把創業想得太美好」，其實創業是非常非常辛苦的，投注了許多心力和成本，最後卻導致失敗的例子比比皆是，所以一定要有願意吃苦的勇氣再談創業，而且不要輕易放棄。

照片提供：瑪帛科技

LESSON 13

以挫折為養分，找出轉型契機：比 Ubike 更早開始的校園單車租借平台

分享輪

公司簡介：「Sharing Wheels 分享輪」是一種在大專院校裡提供單車免費出借的服務，期望能透過降低私人自行車的比例，改善校園內自行車過剩的問題；同時也希望達到節能省碳、資源有效利用的目的。

網站：sharingwheels-campus.herokuapp.com

創立時間：二〇一一年。

創立經過：原本想組成一共享單車的租借系統，過程並不順利（在想到點子的籌備過程中，Ubike 尚未誕生），經過摸索和調整，縮小計畫成為現行模式，反而更受學生歡迎。

商業模式：租借平台包括「免費借用」及「短期租賃」，服務本身除可收費外，亦以單車擋泥板供廣告商行銷，做為廣告收入。

拾玖團隊執行長、共同創辦人陳佾涵

我是台大化工系畢業的，「拾玖」的團隊名稱由來很單純，因為我們這群朋友是在十九歲時認識，所以我們就決定把這個團隊命名為「拾玖」。當時我們聚在一起是因為一個讀書會，不過「讀書會」只是一個名目，其實我們每個人都會貢獻一個專長出來，大家相互交換學習。其中一個同學提出創業的想法，大家就決定一起創業。

那時我們有去參加一些創新創業的比賽，也有申請一些補助，總共存到了五十萬元，這筆錢就成為我們的創業基金。

挫折不是絆腳石，轉型找出新契機

我們一開始的計畫很大，是想要做公共自行車系統，後來才縮小成為校園。因為在台大校園裡發現最常見的就是自行車問題，校園裡單車很多，出於一種資源共享的理念，想要減少一些不必要的浪費而有了單車免費出借的服務，當時還沒有 Ubike 的誕生。為了推動這個計畫，各自分頭以土法煉鋼的方式，一一蹲點去仔細地計算單車的流量，很認真地投入這件事情。我們遇到的第一個挫折，就是準備了四年的蹲點調查和研究報告，向台大校方申請卻被駁回，一夕之間，四年付出的心血全部都白費了。屋漏偏逢連夜雨，創始的五個成員中，有三位突然離開，只剩下我和另外一位夥伴。

那時也面臨了即將畢業、不得不面對現實的情況，我和那位夥伴討論之後，都認為應該要繼續經營「拾玖」下去，也有了轉型的想法。

我們參考了 Google 的做法，利用單車來做廣告。Google 是提供免費服務，廣告才是主要營收來源。一旦有了這個念頭，行動起來就很快。由於目標族群是學生，非常明確，加上一般廣告商很難打進校園，我們就鎖定和學生市場相關的廠商積極地洽談廣告，包括人力銀行、飲料、3C……產品等。結果，我們的第一筆廣告收入就超過一百萬，這也帶給了我們不少的信心。

一直到現在，我們都沒有花錢做過任何行銷或廣告宣傳，純粹是在臉書粉絲團裡發佈訊息，依靠社群口碑做行銷。目前我們的單車數量已從一百台擴增到一千台，也從一所大學服務到十五所大專院校。經過了近五年的營運，我們也發現了服務中更大的價值，所以目前正在研發新的裝置應用程式，透過一個小型的單車管理裝置，就能遠端監控單車流動情形，預測單車使用需求，讓使用者可以透過ＡＰＰ就能借還車甚至還能提前預約。

我們相信這樣的服務模式能讓資源更有效地分配，也取得更多有效的資訊讓服務變得更好。此外我們也希望能跨出台灣、邁向國際，希望不僅僅是單車，更能做到從頭到尾一整套的服務給消費者，也希望未來能進軍包括日本、韓國、新加坡等國際化市場。

做自己喜歡的事，就有源源不絕的熱情

如果要問我，什麼樣特質的人適合創業？我想應該是有勇氣，還要有一些瘋狂、不理智、愛玩的特質，以及有一顆冒險的心。回頭想想，我的同學很多都在台積電之類的大企業裡工作，但我不後悔自己選擇了踏上創業這條路，它帶給我很大的快樂。當然，一開始父母並不放心，擔心我在創業之後會過著經濟不穩定的生活。但是我都會固定和他們報告自己的工作情況，也許因為公司的業務已經上軌道了，他們也不再多問。

每次看到我們的新設計，我都會覺得「哇！好酷、好漂亮啊！」而且看到有人因為我們的服務受到幫助就很開心。我很喜歡我們自己的產品，能夠做自己喜歡的事情，讓我每天都有源源不絕的熱情！

照片提供：分享輪

LESSON 14

創造工作，而不是搶別人的工作：海港直送的新鮮水產，蘊藏永續經營、海洋保護使命

好好鮮生

公司簡介：「好好鮮生 Mr. Good」全台首創「當日現撈仔冷藏直送到家」服務，不用出門便可品嘗海港直送的新鮮水產，由三十年以上水產經驗專家為品質嚴格把關，嚴選老饕等級的規格以及「新鮮、少刺、無浸泡藥水」的鮮魚，成立短短不到一年，滿意回購率高達六成五。近來與南投小農密切合作，推出「新鮮直送魚菜箱」，現採有機蔬菜搭配當日現撈鮮魚，讓消費者吃得新鮮、吃得更健康！

網站：www.mrgood.com.tw

創立時間：二〇一四年十月。

創立經過：因家族因素，體會到傳統產業生存不易，期望運用所學轉型，發展「十八小時生鮮送到家」服務，運用社群力量塑造品牌形象，並秉持永續漁業、食用安全等價值。

商業模式：線上預訂，生鮮直送到家，並結合有機蔬果小農、茶農，另推出「生鮮魚菜箱」，以方便、營養、美味為訴求。

好好鮮生創辦人 莊景宇

我的爺爺、奶奶是在菜市場賣魚，父親是海鮮盤批發商，從事這個行業超過三十年，難免有脊椎、肩頸、呼吸道等職業傷害。他深知這產業的辛苦，所以他從來沒有要求我幫忙，一心只希望我好好念書，未來考公務員或是進大公司上班，只求我生活過得安穩、平順。

小學一、二年級的時候，我常覺得自己的父親跟別人的爸爸不太一樣，他總是穿著雨鞋，腰掛霹靂腰包，身上經常是魚腥味和汗臭味，甚至一度不喜歡爸爸來我的學校，長大懂事後，才體會那是唯有我爸爸才有的「愛的味道」。

讓妳唸到台大，不是讓妳回家賣魚！

我會進入生鮮產業是以前從來沒有想過的事。我在大學唸的是台大政治系，畢業後進入鴻海工作，後來被公司外派到大陸各地，包括上海做電子商務。有次父親打電話給我，說自己搬貨時跌倒閃到了腰，讓我感到很心疼。從小我跟父親的感情非常好，一直對於自己沒有為他做什麼事情感到歉疚，這件事讓我萌生了想要辭職回家幫忙的打算……

「我讓妳唸到台大，不是去賣魚的！」起初父親聽了很反對，但後來爸爸拗不過我的堅持只好讓步。我和幾個朋友合夥成立「好好鮮生 Mr. Good」垂直電商平台，公司名字「好好鮮生 Mr. Good」則是以我父親的形象發想，因為他一直是我們家、我心目中的「好好先生」。

一開始我對這一行的知識可以說是近乎零，連魚都不會分辨，所以先跟在父親身邊學習，他告訴我這些魚叫什麼名字、吃起來口感如何、是否會有太多刺、該如何煮比較好吃，判斷魚的新鮮度主要是看眼睛，還有摸摸看魚肉是不是有彈性……大概兩、三次之後就慢慢記得了。在流通的水域生活的野生海魚，品質和安全上是最好的，只要新鮮，簡單料理就能品嘗到最鮮甜的滋味。

「好好鮮生」官網在二〇一四年十一月正式上線，目前團隊成員有五個人，初期，我和另一位創辦人花了許多時間上網研究，經常通宵達旦地寫計畫，並絞盡腦汁創造我們產品與服務的差異，最後榮獲一〇三年度青年署大專畢業生創業服務計畫的服務業組冠軍。

遇到出貨日時大概凌晨三、四點就要出門，我們得趕快將拿到的現撈仔去鱗去鰓去內臟，並抽真空包裝，生鮮類產品最講求鮮度，所以我們必須和時間賽跑，常常忙得早餐跟午餐都沒辦法吃。

訂單量比較大的時候，不得不請父親前來幫忙，因為太累了，我們父女倆就這樣坐在貨車上淚眼相望，我爸爸捨不得自己唯一的女兒這麼辛苦，而我則是更加深切體會到父親一直以來在這行工作的辛苦。

創造工作，而不是搶別人的工作

做這一行，不管哪一端都有不為人知的辛酸，漁民出海捕魚非常辛苦而且有一定危險性，海產批發行業的人則是要時常搬重物、進出冷凍庫，時間一急往往顧不得穿禦寒衣物，長久下來，便累積了一些職業病。父親早年為了要爭取訂單，常常跟顧客喝酒應酬，喝到肝都壞掉了，加上不固定時間吃飯，胃也出了毛病。

有時工作很累的時候，當然曾後悔選擇走上創業這條路，但這時候就讓自己好好睡一覺，休息過後重整心情就覺得又充滿繼續前進的勇氣。很多人以為自己創業當老闆很自由，其實不全然；因為自己創業，基本上沒有上下班分界，每天一睜開眼，腦袋想的都是公司的事情。

台大副校長陳良基教授曾經講過：「台大人應該要創造工作，而不是去搶別人的工作。」這句話一直激勵著我走到現在。

這一行大家都做一樣的事情，彼此競爭微薄的利潤，因此經營上也遇到了困境，我和我的團隊希望可以建立新的商業模式。

傳統的經營方式沒有品牌的概念，較不注重提供加值服務，甚至有劣幣驅逐良幣的情況。像我父親就曾被叫貨商叫去罵：「為什麼別人是這個價格，你卻賣這個價格？」但父親還是堅持品質，最後客人發現賣得太便宜的魚，它的品質是有問題的，才又回頭找他。

在中國大陸工作時，我經常觀察當地電商的做法，中國發展O2O（Online To Offline）的時間比台灣早，我認為台灣的O2O市場很有

前景，於是先從線上切入。目前我們每個月營業額穩定成長，但做漁業生意都是現金交易，又因為是現撈魚，進貨成本也特別高，加上房租、油錢、人事費……等開銷，經營壓力非比尋常。

海港直送的新鮮水產，蘊藏永續經營、海洋保護使命

我們保證魚只要一離海，十八個小時內可以送到顧客餐桌，由於沒有經過冷凍，魚肉的紋理組織不會被破壞，養分也比較不會流失，而且更新鮮，我們的客群比起目前生鮮電商專攻的客群比較不一樣。我們的客群注重健康、養生，願意多付一些錢來換取更好的商品品質及服務。如果這個模式行得通，我們將再複製成功經驗到其他產品，像有機小農蔬菜、溫體牛肉等等。

我們採取預購的方式，先確知需求量再出貨，另一方面也是提倡永續海洋資源。父親對台灣漁業環境變遷的感觸很深，不僅捕到的魚越來越

小，量也越來越少，所以我們也想藉著這樣的商業模式，先知道有多少訂單，期望解決台灣濫捕的問題，同時降低自身耗損。

另外，我們特別強調不賣珊瑚礁魚類、底棲魚類跟幼魚，因為捕捉珊瑚礁魚類特別容易破壞環境，幼魚則是會讓未來更抓不到魚；底棲魚現在無法確定是否使用底拖網捕魚，底拖網會破壞海底的環境，把海底生態全部刮起來破壞殆盡，魚類再也無法孕育下一代。

我們希望把永續漁業的觀念推廣出去，從改變消費者開始，慢慢地影響供應端。同時，我們也希望提升漁民、以及水產從業人員的形象；大家對這產業的刻板印象常是「辛苦、魚腥味、老一輩在做的」，我們想讓大家知道，這群人都握有自己獨特的技術和寶貴經驗，值得更多年輕人傳承並投入這樣的傳統產業，進一步促進產業革新。

照片提供：好好鮮生

LESSON 15

全神貫注，讓工作和興趣融為一體：人人都能玩的 3D 列印 FLUX

公司簡介：FLUX團隊成立於二〇一四年四月，產品結合了3D列印、3D掃描、雷射雕刻以及各種擴充模組，讓每個人都能輕易操作使用並自由進行創作，體驗自己動手做的樂趣。二〇一四年十一月，FLUX在群眾募資平台「Kickstarter」集資，募得一百六十四多萬美元，打破了台灣團隊在該平台的最高募資紀錄。

網站：flux3dp.com

創立時間：二〇一四年。

創立經過：結合軟體、硬體技術，並模組化，解決以往3D印表機麻煩、困難的組裝與校正過程，讓每個人都能上手自由創作，並採用群眾募資推展事業。

商業模式：確認訂單再售出，提供多種可替換模組；另有3D掃描、雷射雕刻、繪畫，並將多項功能整合的軟體（flux studio）。

創業一定要全神貫注——
FLUX Inc. 創辦人兼執行長 柯軒恩

我從小學就開始自己學著寫程式，所以大學就自然而然地選擇台大資工系。我在大二的時候開始自己接案，寫網站和APP程式，賺一些零用錢。大三時加入了創意創業學程，不過說到創業這件事，應該是受到室友游雋仁的影響；他是台大機械系學生，很喜歡玩3D列印。我覺得這個東西很酷，但不是每個人都容易操作，後來我想到他擅長硬體，我擅長軟體，也許可以一起合作創業，算是一拍即合吧。

我覺得自己在台大的創意創業學程，學到最多的就是teamwork，因為團隊裡每個人的特質和擅長的領域都不同，是很好的團隊合作經驗。一開始我的創業夥伴只有游雋仁，後來找到設計師、行銷……共五個成員組成了堅強團隊，我們的年齡差不多，彼此之間的連結很緊密，幾乎是工作和生活都在一起。

那時我們也想到，開發的產品一定要推上國際舞台才行！很幸運地，經由台大推薦，我們拿到了SVT Angels共兩萬美金的贊助，前往矽谷三個月。

我第一次出國、第一次搭飛機就是去美國，有很多的「第一次」，衝擊很大。加州的天氣很好，讓人每天心情也很好，到處都是新科技的東西，很酷炫。另外一個衝擊就是，美國矽谷竟然只有不到一半的比例是白人！那裡有來自世界各地的人，中國人、印度人、韓國人……然後也去了Google、Facebook、Twitter，參觀了很多有趣的公司。

讓每個人都感受到創作的快樂

我們一開始上募資平台的出發點其實很單純，只是想讓每個人都感受到創作的快樂。沒想到上線沒多久，就刷新了紀錄，這真的是始料未及的事。而群眾募資對於我們最大的影響應該是加深了「責任感」，覺得一定要努力做出一番事業才行。

在 Kickstarter 募資成功之後，我們比較沒有經濟上的壓力，而且也一直不斷有訂單進來。此外我們也開始擴編，找尋不同的人才，目前公司已有十五位成員，平均年齡是二十多歲。

在創業的路上，我們遇到很多貴人，得到很多幫助，像是有機會進駐台大車庫。大家都說進入了創業元年，我也覺得現在是創業最好的時機，不僅矽谷的創業風潮吹到全球，有很多熱錢都進來了，創業的氛圍很濃厚，也吸引更多年輕人投入創業的領域。

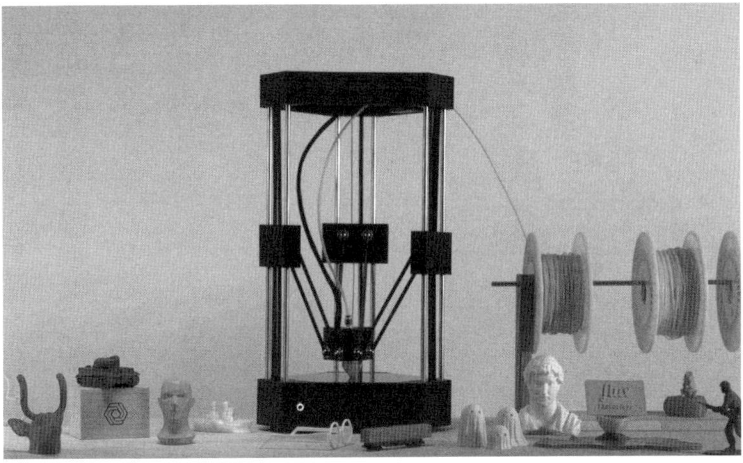

若是要我給對創業有興趣的年輕人一些建議，只有一句話，就是「專注」。我平常最大的興趣就是寫程式，工作和興趣幾乎是融為一體。創業其實是要全神投入、無法分心，也不可能兼顧學業，所以募資成功後，我就毅然決然地休學，全心全意往創業的道路衝刺了！

成功經驗可以參考，不能盲從——FLUX Inc. 創辦人兼行銷長林士生

我在大學念的是物理系，後來因為興趣，選擇了台大商學研究所。我和柯軒恩是在創意創業學程認識的，當時一起進行了很多專案，後來知道他想創業，就去他的工作室參觀，看到他們在做的東西滿酷的，就決定加入ＦＬＵＸ這個團隊。

去矽谷參訪對我來說也是很難得的經驗，我覺得矽谷是最靠近世界的地方，在那裡受到很多刺激，真實地感受到「新創」就在身邊。當我們決定走群眾募資平台的路線時，做了很多功課，也在矽谷請教了很多人，得到很多幫助。要上 Kickstarter 募資，第一件事就是拍一支行銷短片；從拍片過程中，我學習到「分工」的重要，包括劇本的發想、分鏡都需要彼此討論、分工合作，感覺就像是組一個樂團一樣。

真正的改變不在群眾募資，而是募資成功之後

我在ＦＬＵＸ團隊裡是負責行銷，當我們募資破百萬美金之後，不僅知名度大增，採訪邀約也變多了！但我覺得真正的改變不在「群眾募資的成功」，而是之後媒體曝光、公關議題的設定與操作，接下來還有很多事情要做，很多的工作細節要處理。

在台大的創意創業學程中，我學到滿多新創的概念與知識，也有一些業師會分享實際的案例。創業很好玩的一件事在於，我們在課堂上學到的理論，立刻就能拿來運用在工作上，超酷的！

但是，成功的經驗可以參考，絕對不要盲從。因為時代變化得太快，上一秒的成功經驗可能到了下一秒已經宣告失敗。建議大家如果有好的點子，一定要立刻就去做！

照片提供：FLUX Inc.

LESSON 16

延續動力，平衡創意和生存的拉鋸：以有趣的方式重新認識台灣歷史

臺灣吧

公司簡介：臺灣吧為自產內容的新媒體公司，目標是「讓台灣成為全球數位內容的燈塔」，以優質的數位內容，替台灣立足世界的新角色，持續深耕不同領域的內容，著重教育、傳播、娛樂三大領域，創作出引起使用者興趣、與使用者建立對話、開創性的新媒體節目，不斷將新作品帶到大家面前，並創造正向的社會影響力。作品包括：〈動畫台灣史〉、〈故事・台北〉、〈哲學哲學雞蛋糕〉、〈十八銅人健康教室〉、〈週末來吧〉、〈JT交通事務所〉、〈123 募投人〉等等。

網站：www.taiwanbar.cc/index.html

創立時間：二〇一四年。

創立經過：四位創辦人感受到台灣社會對於自我認識不足，因此希望能製作一系列具教育意義的優質節目，改善媒體環境。讓台灣成為全球數位內容的燈塔。

商業模式：企業贊助、內容置入行銷、角色周邊商品販售。

臺灣吧營運長與共同創辦人蕭宇辰

我和謝政豪、張佳家和林辰湊在一起，可說是一連串的因緣際會。一開始是政豪想要做一系列的影片，但專長在聲音製作的他，一開始就找過去合作其他案子時認識的佳家，詢問他的意見。巧合的是，我跟佳家先前也聊過「把歷史變有趣」的方法，提過很類似的概念，甚至想過畢業時可以借用我的歷史專業與佳家的繪畫能力，製作一些動畫短片，但後來我們各自忙彼此的工作無疾而終。

專業各異的我們，因共同目標湊在一起

就因為之前的閒聊，當政豪跟佳家聊到想做跟教育相關影片的想法時，佳家建議政豪跟我見面聊聊，發現理念一致，就決定試試看。團隊已

有音樂製作、視覺設計、腳本製作的專業，但是呈現上，還缺一位讓生硬題材變有趣的表演者，所以政豪找上因為核四與服貿影片而紅的林辰合作。我們四個人先前並不認識，完全是因為「想要完成一系列具教育意義的動畫台灣史」這件事而湊在一起。

我們四個做為共同創辦人，一起決定了「臺灣吧」這個名字，一同發想節目、主題內容、風格、集數等，最早的許多設定都是四人共同發想，但我們四個人在各自的領域（知識文本、劇本主持、視覺、聲音）互相信任，完成守備範圍的工作。

一開始大家因為各自過往的經驗，決定以「台灣歷史」為節目製作方向。這個選擇對於我們四個人有各自不同的意義。政豪過去長期關心社會運動，他感受到整個社會對台灣的過去認識不足，認為大家要更了解這塊土地，需要有些行動改變這一切。我自己在教育現場三年，看見學生往往因為課程內容無趣，導致學習台灣歷史的動力不足，一直在思考改變的方法。佳家與林辰在國外期間，深刻感受到自己與這個世界、對台灣不熟悉，不管是誤跟泰國混淆、討論跟中國的複雜關係、台灣認同……等，這些經驗讓他們覺得應該要讓世界更認識台灣。

「興趣」決定學習動力

我本身就喜歡歷史，高中第一志願就是台大歷史系，不是基於什麼特殊考量，單純是從小喜歡歷史且當興趣培養。小學開學兩天我就把歷史課本看完，那是我第一本看完的教科書。對歷史抱持著理解因果的態度看，歷史課本就是本有趣不無聊的書。

歷史課本會吸引我的主因還是眾多的「三國」遊戲經驗，讓我對那段歷史有些許理解，而我也很喜歡。小學三、四年級常常跑圖書館看三國漫畫。因為遊戲激發了我對歷史的好奇，年紀大一點也學會找其他的書看，漸漸對於其他朝代發生的事情略知一二，當時還吵著爸媽幫我買一些歷史書籍來看，這些一點一滴的累積，慢慢養成我的濃厚興趣。

我一直覺得「引發對某件事的興趣」是很重要的人生課題，我受到電玩的啟發，但在正規學術圈中，從電玩、小說角度切入的歷史幾乎不存在，一直以來最有機會引起大眾興趣的媒介是在學術研討圈外，不屬於歷史的範疇。但對我來說，正是這些非正規歷史讀物引起我對歷史的興趣，有動力深入了解。「激發興趣」這個概念呼應我們做「臺灣吧」的初衷。

這也是七分鐘左右的動畫希望達到的效果，內容當然不可能包山包海，能講的很有限，歷史從來不是單純大補帖學習方式可以處理的領域，但如果有人因為我們的選材、詮釋或表現手法，開始覺得某些議題有趣，這樣就達到臺灣吧製作內容的目標：用趣味引導觀眾發現知識有趣的一面。

「了解需求」是初試啼聲就成功的關鍵

我們沒有想過〈動畫台灣史〉一開始推就成功，畢竟到 YouTube 上滑一滑也知道做影片、動畫的人非常多。花了很多心力製作的內容，我們當然希望有人看，但也從沒有任何把握一推出就受到關注。第0集〈台灣賣卻論〉其實旨在試水溫，希望告訴大家我們的計畫，以及這個計畫對台灣教育的一些幫助。最早只希望募得一筆資金做完動畫台灣史，之後大家就回到各自原本規劃好的人生軌道，對社會產生一點影響是最大的目的。

我們四個人對這個計畫的關懷都不太一樣，分工也很明確。我負責處理歷史文本的處理，林辰負責劇本與表演，佳家負責畫面，政豪負責聲音。當初討論動畫台灣史的時候，原本想要用五到八集的長度做完台灣史，但從歷史專業的角度來看，這種長度想做完簡直是天方夜譚，我們都覺得不可能在短時間講完台灣史，應該先處理一半，從日治時期開始，以免貪多嚼不爛。

我在教學現場獲得的學生反應，成為選擇題材重要的依據，尤其是一些提問特別多的段落，代表存在跟既有認知的差距，第0集的〈台灣賣卻論〉基於這樣的原因被挑選出來，也獲得廣大的迴響。三年的教學資歷成為我參與動畫台灣史製作的重要根基，讓我深入理解一般人的認知、感興趣的面向、教育現況與實際教學內容。

創意的點子需要人才的投入

每個人都有自己想做的事情，就像我們四個人成立「臺灣吧」一樣，因為這件事符合我們各自的夢想。而對員工來說也應該一樣，無論是因為公司氛圍、追求的目標、產出的內容，只要有相契合的部分與認同、認同大家共有的基本價值，其他都是彈性條件。

對我來說，有能力、具備技術的人才是臺灣吧在找夥伴的優先條件，畢竟好的想法需要對的人才一起實踐。對公司來說，我覺得這應該是公司的責任，要想辦法讓他們待越久、越喜歡這個地方。我們其實歷經非常多人才選用上的嘗試與失敗，目前為止已經三個人加入又離開，對我們這樣的小公司而言，是很大的損失，也讓我領悟到一件事，很多時候公司都會想要找先對公司有認同的員工，但後來這樣的人反而會讓我們擔心，如果內部情況與他的認知不同，打擊可能更大；相對來說沒有過高期待的人或許打擊反而較小。

創意的延續與呈現

相較於二〇一四年下半年，現在「臺灣吧」走得有點慢，幾個警訊持續提醒我們：節目按讚人數下滑、關注度降低……都是徵兆。二〇一六年「臺灣吧」才算是正式開始經營，二〇一四年至今靠〈動畫台灣史〉獲得大家的關注而獲得一些合作案，合作對象信賴我們並給予資源與創作空間，但熱潮終究會退去，關注度下降是明顯的徵兆。如何擺脫過去光環，重新站穩腳步是首要任務，畢竟不能一直靠著過去的成功生存，而是要想辦法創造第二波、第三波的新里程碑。

「臺灣吧」目前已推出〈動畫台灣史〉、〈JT交通事務所〉、〈十八銅人健康教室〉、〈123募投人〉等節目，而〈動畫台灣史〉的成功，代表觀眾對歷史題材的興趣與需要，所以我們今年會再推一波歷史節目。選擇大眾有興趣的題材會比較輕鬆，但這不代表冷門的東西不該做，有些知識即便大家不知道也同樣重要，才更應該用我們的方式讓大眾知道。如果只挑容易的事進行，那誰做都可以。

二〇一六年我們預計推出五檔節目，只要其中一檔成功，能帶動其他四檔被看到，那就夠了。不一定要全部叫好叫座，但五檔節目最起碼都要符合「臺灣吧」對於節目製作的教育意義與標準。只是節目在做與不做之間的拿捏依然是場豪賭，以〈哲學哲學雞蛋糕〉為例，這檔節目在產品意義上沒有問題，但就商業營運面來看徹底失敗。它沒有幫「臺灣吧」賺進任何一毛錢，但我們投入很多人力與資源製作這個產品。我們從中學到很痛也很重要的一課：每一次的成功都要在事前做足充分準備。

當初我們拍板決定製作這檔節目時，認為先開拍了錢自然會進來，因為這檔節目很有趣，但事後證明這個模式不如預期，也凸顯了節目決策上的問題，有些節目的開展與否並沒有充分的討論與規劃。而因為這次的經驗，我們現在也有了較完整的評估與規劃，從兩個很重要的評量點出發：組織能力與資金。目前除了〈哲學哲學雞蛋糕〉之外，所有的節目都有合作對象，也就是有人出錢贊助、發行或其他協助，才有辦法持續下去。因為純教育性的內容，難以透過市場評估確定受歡迎的機率。

像之前爆紅的〈北極震盪〉影片也是很特別的案例，因為除了那支之外，氣象局製作的其他系列影片觀看人數少得可憐。「成功」這件事很難評估，有時候跟時事很有關係，但就像我們從〈哲學哲學雞蛋糕〉中學到的一課，隨時做好基本盤，製作有品質的產品並維持基本流量，為品牌鞏固粉絲、知名度與魅力的，符合上述條件仍然能拍板執行。經過之前幾次的經驗，我們現在的內容，如果不是有資金、贊助，至少期望能做到的就是有品質及基本盤。

創意與生存的拉鋸

缺乏資金一直是每個新創團隊常遇到的問題，我們一開始營收就是靠賣商品。「臺灣吧」前期很大一部分都是靠周邊商品維持營運，之前還大約有三分之一的量，但現在越來越低，只剩不到五分之一左右。未來希望黑啤、藍地等角色能夠創造產值以穩定公司的金流來源。要解決資金問題，還是根本要靠自有產品獲利。如何將黑啤經營到像熊本熊一樣，一出場就可以賺錢？如何以角色的獲利持續經營內容的產出？如何以現在的內容產出持續深入大家的內心？創造「對角色的認同」是我們要努力的方向。

如何讓商品營收成為主力？從現在的五分之一往上成長到一半，就是證明我們可以依靠自己的角色賺錢，而非依靠贊助。其他諸如利用平台抽取廣告費的模式，是非常微量的收入，台灣的廣告還是集中在平面與電視上，網路廣告投放也集中在FB與YouTube上，而非內容產出者，大多數的內容產出者能從這些平台上的獲利非常的少，無法做為新媒體的主要收入。

目前內容產製者的金流來源大多像部落客型的置入行銷案，但這在製作上會有很多限制。現在有幾十個邀約詢問廣告合作的可能性，這對單純的製作公司擁有很大的吸引力，但「臺灣吧」的目標不是影音製作，而是媒體，我們想固守路線，才會產生這麼多的品牌、策略與營運上的考量。不過這樣的堅持，吸引到在乎企業社會責任的品牌，「臺灣吧」走到今天也是靠這些品牌的佛心支持，但如何不依靠佛心品牌的支持還能繼續存活，才是最大的挑戰。

在商品營收還非主力的現在，節目企劃不管是自主開發、找錢找資源或外部合作都有，我們會針對每檔節目考量是否有足夠資金、內容是否可行，以及節目製作是否符合公司發展。像〈三分鐘看不懂刺客聶隱娘〉與〈三分鐘看不懂《灣生回家》〉就是我們對電影領域做的企劃嘗試，當初獲得這個執行的機會，也發現確實是個可以發展下去的產品線。

新媒體的挑戰——「我可以，你也可以」

臺灣吧目前還不具備關鍵性的技術，我們不過是因為第一部作品的成功而累積了一些知名度，進而藉由品牌的價值生存並找尋真正可依賴的模式。真的在做才會發現新媒體的經營不容易，或許這也是新媒體產業看似大鳴大放，但能真正長久存活下來的案例很少的原因。現在有系統製作影像的組織，依舊還是壹電視這種大型的傳統媒體而跨足網路品牌，否則至少也要依靠公部門的專案預算才能支撐。

開始經營媒體之後，才會面對真正的問題：觀看次數不是金流的保證，怎麼在流量變現與媒體價值中找尋平衡，才是「臺灣吧」要繼續成長和深化經營的最大難題。

照片提供：臺灣吧

LESSON 17

進入產業，找到他們的痛點和需求：你捐的錢到哪裡去了？

WeCare

公司簡介：「WeCare 微善」是一個公益性質的群眾募資平台，希望透過平台整合，能將全台各地的志工物流和金流等資源匯整，讓每個人都能簡單地透過平台捐款行善，而且追蹤後續的使用情況。

網站：www.getwecare.com

創立時間：二〇一二年。

創立經過：致力打造公益透明化捐贈的模式，推出網頁和APP，使公益的資訊能夠透明並追蹤，創造友善、公平、正義的行善環境。

商業模式：整合人力、資金、物資三項資源的募資，以NPO專案為主要訴求的群眾募資，並提供後續進度與資源的追蹤和使用狀況。

WeCare 創辦人曾郁翔

雖然我大學念台大，其實小時候功課沒有很好，還考過全班倒數第二名。當時倒數第一名是完全放棄了，而我至少有把考卷寫滿，所以覺得滿驕傲的。至於考最後一名的同學，不僅功課不好，還每天在學校搗蛋，同學們都不喜歡他。但是我媽媽卻告訴我：「你有想過這個同學在學校會有這樣的表現，背後的原因是什麼嗎？」後來我才發現，他的家庭環境不是很好，所以決定當他的數學小老師，私下教他數學。這件事讓我發現，原來自己也有幫助別人的能力。

助人為念　引領創業之路

我是完全受興趣引導的人，對於喜歡的事情就會全力以赴地做到最好。父母的自由式教育，也給了我滿大的發揮空間。原本我國中的成績很好，後來考上南一中，成績又變差。那時候我覺得讀書很沒意思，覺得寫程式很好玩，所以加入資訊社，開始自己寫程式。後來我很想離開台灣，去看看國外的世界，就向父母積極爭取去美國當交換學生一年。我是非常努力才能得到出國的機會，和那些家境富裕、甚至是被父母逼出國的同學不一樣，後來在美國生活的這段期間，也成為我後來從事社會企業的契機。

我是在美國愛德華州一個小鎮念書，住在寄宿家庭裡，全鎮只有三千人，村裡約有三百戶人家，幾乎每個人都彼此認識。我的 home 爸和 home 媽經常在教會裡幫忙，裡面有一個放置二手物資的空間，他們負責把一些物資固定整理出來，供民眾自由選購。上面沒有任何標價，每個人只要看中自己喜歡的東西，就可以拿到櫃台結帳，然後將這筆收入納入教會的慈善基金；如果有非營利組織需要資金援助的話，只要向教會提出申請即可。我覺得這個機制非常好，能夠物盡其用，將得到的款項拿來做好事。大四時我成立了「WeCare」群眾募資平台，開始落實「想要號召更多人做好事」這個想法。

進入產業才能找到痛點，建立正向循環，做有意義的事

如果說要給想創業的朋友們一些建議，我會希望大家先進入自己感興趣的產業領域。你一定要對那個產業徹底了解，再去談創業。像我們做WeCare也是接觸到非營利組織，漸漸了解他們運作的方式，才能進一步找到他們的痛點，幫助他們去解決問題。你如果一直在產業外面，永遠看不到問題，也想不到解決的方法和答案。

二〇一四年十月，我們曾經參與一場嚴長壽先生發起的「傳愛偏鄉」活動，募集iPad到偏鄉，我們的工作就是去追蹤這些iPad的後續情況，是否真正地被當地民眾使用，讓捐贈者知道募集後的使用情形。這個活動最讓我感動的是，原來有這麼多人真的在關心偏鄉的學習狀況，而且也都想方設法地幫助偏鄉解決這些問題。

每個創業階段都有不同的目標，我們會評估自己的情況來決定下一步。例如WeCare一開始成立，鴻海就來找過我們，建議我們可以在風災

的時候動員合作，但那時是草創初期，無法做到那麼龐大的規模。接下來我們也想回饋社會，做一些對社會大眾有幫助的事情，但還是需要階段性的規劃。

WeCare 現在做的就是希望打造一個平台，讓每個人都能掌握、追蹤自己捐出去的善款的流向，然後我們自己也能有一定的營運模式，建立起正向循環。我們都希望做有意義的事、對大家都有幫助的事；而我們的願景就是，透過 WeCare 平台，集合每個人小小的力量，讓這個世界變得更美好。

照片提供：WeCare

PART 3

創意思維

創新三要素：同理心、觀察力、實踐力

LESSON 18

以同理心發覺需求，從情境建構開始

——陳良基

我們都知道一項產品要能成功，對的客群非常重要，但更重要的是讓他們腦中有畫面，能想像使用情境，才能理解對於自己的好處。

建構情境，能讓潛在需求浮現，透過「觀想」打開看問題的視野，在不同的時間與空間跳躍，鉅細靡遺地想像在需求當下會出現的各種狀況。這種建構「使用情境」的方式，可以將一個點狀的問題延伸成一整條線狀的服務面，甚至是有前後順序的產品時空，細細盤點在這些問題下：「誰不方便？在哪一個時間、地點遭遇困難？不便的感受程度有多強烈？」等問題，將事件流程想得越清楚，越可以一步步假設與驗證實際需求，避免自以為是的「假需求」。

情境建構的重要性：透過觀想打開問題視野

第一次聽「Fersonal」創辦人王涵分享她成功創業前的故事，我看見「情境建構」在創意凝聚過程中的重要性。王涵很早就有創業的念頭，但是前期花很多時間摸索想法與實際需求的落差。一次次的嘗試提案經驗，她漸漸了解必須回歸目標客群的使用需求，因為產品的存在很大部分是為了解決客戶的某些問題。

最早，王涵在加州漢語學院推動「創意書法工作室」，教導外國人書法的歷史與漢字的演變，那次經驗讓她認識「情境建構」的重要性。因為課程有成本，因此希望說服家長會讓書法課程為收費課程，但家長會成員一直有所遲疑，不確定這會是一堂什麼樣的課。因此王涵直接設計了一堂示範課程，讓家長會成員直接體驗，最後成功開課。王涵找對了家長會，但一直要到她做出那堂示範課，家長會與學校才同意進行。

後來她在創意創業學程的課堂上，提出一個滿足女孩子期待時尚走秀體驗的企劃，創造了年輕女性享受時尚氛圍的 RUNWAY。她設計的不是頂級品牌難以親近的舞台，反而將內容與單品定位在親民等級，更設計出極佳的角色互動體驗，讓走秀與看秀的來賓互換角色，讓走秀的人也可以看秀，看秀的人也有機會上台走秀。整個活動因此變成一場歡樂派對，更打破了以往觀眾與模特兒之間台上台下的距離，這麼有趣且特別的體驗，構成了向觀眾收取費用的基礎。

王涵清楚刻劃出「滿足女性時尚體驗」的服務，參與的顧客因為時尚體驗的需求獲得滿足，自然願意掏錢參加。這是一堂課的實驗，累積的經驗更是她發現「男性時尚」需求的起點。在活動中，她發現一起走秀、看秀、在秀上挑衣服已經可以滿足女性顧客，但是陪她們一起來的男伴，往往不是這麼開心。這個情況讓王涵留意到男性的時尚需求跟女性是截然不同的模式，她更進一步想到：「會到走秀活動現場的人，都有一個共同的需求，也就是『喜歡看到漂亮衣服』。」她開始觀察男性購置衣物的過程，上街、挑衣、試穿等每一項活動對許多男性來說，都不像女性這麼自然，因此「如何挑選衣物」成為了「男性時尚」的關鍵問題。王涵開始設想解決辦法的情境，找到了滿足不愛逛街的男性的方法。

不要只想現在，要想十年之後的世界是什麼樣子？

很多意料中的創意解決方式，多半只是設想當事人在該環境下碰到的問題，並刻劃出使用經驗旅程地圖，預先設想使用者需要的服務。我經常跟實驗室的學生說：「做研究不能只想現在，要去想十年之後的世界是什麼樣子？」這個問題浮現後，就會開始想：「那麼我應該要發明什麼才能符合未來的使用？」這個層次才是更重要的。很多點子在自問的過程中會逐漸浮現，看到越多問題，想找到解答的動機也越強。透過「抽離現實情境」去設想未來，引導出的創意也比較容易從情境中找到真正的需求，更要注意避免天馬行空的想法，才能找到正確的未來情境。

談到「設想未來」，最大的重點是「設想還沒有實際發生的情境」，然後要問的問題應該是：「如果發生了，有哪一些使用場景？」我們可以看看莊景宇的「好好鮮生」這個案例。

「好好鮮生」創辦人莊景宇的爸爸過去二十多年在漁港邊、市場上找尋好漁獲，以多年累積的經驗與眼光，將最新鮮的魚賣給供應商。莊景宇台大政治系畢業之後，原本是在鴻海從事電商工作，直到有一次聽到爸爸因為搬重物而閃到腰，才開始認真思考如何運用自己的經驗與所學，幫助父親不用再對一家家的供應商銷售漁獲。

她認為最大的關鍵是透過網路平台，直接賣魚給消費者，因為消費者希望藉由方便又信任的供貨管道，省去判斷新鮮度的問題。她評估自己的電商經驗以及父親的漁獲知識，絕對有把握做到，包括架設網頁、串接金流，讓消費者方便地在網路上面購買漁獲，也專注設計與傳遞如何將原本新鮮賣魚的感受，透過新的方式送到消費者手中。

一步步「建構情境」，就是需求發掘的開始，持續問「有沒有需求」以及「需求怎麼解決」，一邊創造解決辦法，一邊挖掘新問題，產品的樣子也會隨著一個個問題被解決而成形。

情境重構需要同理心，以避免天馬行空的發散

「情境建構」本身是一個發散想法的腦力激盪方式，讓人在不同的情境之間跳躍，讓創意可以不停激盪，這是在創意發想過程中很重要的一個步驟。但想像中的情境要實現，就必須靠「同理心」的幫忙。「情境建構」的過程中很容易掉入天馬行空的陷阱，而「同理心」則能夠讓這些過於發散的想像重新拉回現實。舉例來說，討論十年後智慧辦公室的樣子，可以從我們既有的生活場景切入，包括門怎麼開、長什麼樣子，到訊息傳遞、會議溝通等情境，這就是有脈絡根據的同理想像。

「Fersonal」就是基於男性的角度，設計滿足他們購衣需求的服務模式。大家都喜歡有質感、好看的衣物，但男性與女性在取得好看服飾的過程有極大的差異。女性對逛街的排斥較少，在衣物挑選上也比較有個人想法，但男生不耐逛街，經常容易因為不好意思而購買不適合的衣物，或是本身不愛逛街。因此真正的需求其實是「幫助男性找到適合他的衣物」，

而且必須有更強烈的動機接受服務。

確認「幫助男生找到適合他的衣物」這項需求後，王涵就開了這間男性衣著顧問公司「Fersonal」，直接依據顧客提供的身形等外在條件與喜好，初步篩選適合的衣著，顧客不需要大海撈針，只需要試穿少數的服裝，付了錢就完成任務。這項服務精準的解決了部分男性不喜歡逛街、不善於挑衣服的困難，也讓「Fersonal」不需要等顧客上門，可採取預約制度降低等待成本，這就是找到「需求」同時也創造了具有成長空間的商業模式。

除了服務終端消費者，以「形象顧問服務」做為獲利來源之外，「Fersonal」更能與服飾供應商連結，將自己做為服飾廠商的通路夥伴。而「Fersonal」與一般通路不同的是，因為消費者與顧問彼此之間的信任感，推薦的成功下單比率比一般通路高出許多。「Fersonal」透過專業顧問服務以及另類的銷售通路，讓需求鏈向消費端與產品端延伸，服務體系更完整。

「Fersonal」和「好好鮮生」及許多新創公司，在挖掘「使用者需求」

的過程都相當引人入勝，他們透過觀察所衍生的故事往往讓人眼睛為之一亮，因為這群產業新血對需求的觀察不只是單一想像，而是透過在時間與空間移轉而聚合的多角度觀察。這在創意發想的過程中，被稱為「三百六十度思考法」，就是將同理心放在不同角度、情境中觀看，切出許多過往沒有注意到的機會。

我過去經常將這樣的同理心運用在技術研發上，嘗試創造有實際需求的技術。科技一直往前跑，我們團隊將技術技轉給廠商的過程中，發現不只研究者對科技發展有想像，廠商本

身也有一套自己的看法，但往往跟研究單位不太一樣，而且多半廠商的想像更貼近實際應用。幾次這樣的經驗之後，我就在想是不是能在研發之初，就與廠商接觸，讓雙方都了解實驗室對某些技術的想像，以及廠商對於這樣技術的應用想像。雙方的互動能讓研究者對廠商有更多了解，以及應用上會產生什麼實質幫助。一次一次的練習，到最後實驗室的同仁都會反射性思考「我研發的這項技術，用在未來的什麼生活情境？誰會使用？使用者會獲得什麼好處？」

未來的生活情境是什麼模樣？使用者會獲得什麼好處？

舉例來說，發展影像技術的過程中，早期在影像傳遞、貯存這塊，使用者碰到為了攜帶照片影像檔，必須攜帶超大型硬碟的問題，想像一下許久以前手持黑金剛的日子。當時試圖透過數位化的技術，將原本空間占比極大的影像壓縮貯存，同樣的資訊從大檔變小檔，同時也降低檔案傳遞的門檻，原本無法短時間傳遞的檔案，因為壓縮技術而能在裝置間流傳；同樣大小的檔案，原本需要龐大裝置才能貯存，現在能壓縮在小小的硬碟中。這某種程度也是從技術脈絡中跳脫、移轉到另外一個情境底下設想出來的可能使用情境。

如何在技術研發的過程中，不陷入純開發技術的思維，更探索出使用者的需求是傳遞與貯存？以選擇畫質做為固定因素而非變因，是因為我們發現使用者雖然有方便傳遞檔案的需求，但「不失真」的需要也是一大重點。這個發現幫助我們釐清為何當時已有快速傳遞的壓縮技術，卻始終無法普及使用的原因，因為使用者需要一個兼具速度與品質的解決方案。

早期最主要圖片顯現的方式是洗照片，但傳檔就要依賴實體郵寄，其他方式像傳真或影印雖然較快，但都沒有辦法達到不失真的目標。這時，研究人員要在數位應用未存在，也未有市場上需求的情況下，進行一系列假設，並嘗試做出來。整個過程必須思考兩件重要的事：一、怎麼做、怎麼達到？二、誰可以從中獲得好處？

在影像壓縮的這個例子中，攝影愛好者就會是其中的受益人，他們可以在載具上存放比以往更多的資料，資料能出現壓縮十倍但解析不變的格式，貯存量也變成十倍。這個清楚、對使用者有用的情境就出現了。

這項影像壓縮技術，最初是因為想要發展影像會議系統而起，以前總是在猜想電話那一頭的人在想什麼，這個疑惑在直播、視訊當道的現在，可能很少人想到了。可是在 .com 以前的時代，「錄像傳遞」的技術主要掌握在電視媒體手中，透過人造衛星等眾多技術串連，有相當的門檻。但是高門檻也代表有更大的突破機會，那時實驗室就著手進行眾多讓未來世界影像即時化的研究，想像許多人與人之間影像即時通話的情境，像遠距會議、遠距教學。這是我們基於對當前習慣以及未來世界需求的下一步想像，長期投入後也認為這是科技發展的趨勢，及早研發並在國內普及技術，將有助於提升國內廠商的技術競爭力，打開國際市場。

善用三百六十度思考法，解決更多問題

以前技術研發通常都是實驗室先做出來，發表後各家廠商再來競相爭取技術轉移。不過一次又一次的技轉經驗，我們逐漸了解廠商技術應用的一些準則，最重要的就是「這項技術要怎麼用在產品之上？用途是什麼？」有效幫助我們避開了閉門造車的失誤。「以終為始」的觀念讓團隊在研發方向的設定更貼近應用端。我們一直相信的研究目的不單只是為了創造某樣東西，更多時候是為了解決某些人的需求，團隊在創意發想階段就要求與需求結合，從實際可能發生的情境出發，有目標的為一群人設計、研究，那這項創意在未來實踐的機率就提高了。多方設想，方方面面的切入問題點思考解決辦法，「三百六十度思考法」讓我們不僅逐步完成影像即時通話的夢想，也在過程中解決許多重要的問題。

如何應用「三百六十度思考法」？還可以舉一個案例是「聽力雲」。創辦人廖玄同在前期發展的過程中，就是利用「三百六十度思考法」處理

聽力問題。廖玄同的奶奶因為重聽經常需要跑診所檢測，對於老人而言實在太不方便，於是他希望找到更「方便」的辦法。廖玄同觀察到現代人最常聽的工具是「耳機」，於是他想到了一個好問題：「是否有辦法透過耳機，以訊號傳送、使用者線上反饋的方式進行個人聽力檢測？」他開始一系列的嘗試，不只提供方便的服務，更同時累積一筆一筆、每個人的聽力資料，再將資料導入耳機客製音域使用，讓「聽力檢測」跳脫了傳統的重聽、門診檢測的印象。而利用耳機做為檢測工具的「觀察」，就是一項細膩的「使用行為觀察」與「情境同理」的做法。

影像傳輸技術開發、「聽力雲」與「Fersonal」的例子都告訴我們，「同理心」是找尋需求的重要方法，站在需求者的角度，看到的問題才是問題。

照片提供：台大車庫

LESSON 19

同理心如何獲得？培養觀察力

——陳良基

©shutterstock

「同理心」其實就是一種看待人事物的態度。「同理心」的產生其實和觀察力的敏銳程度有關，擁有敏銳的觀察力，有助於看到原本忽略但有可能是重點的細節。觀察得越仔細、深入，越能獲得貼近真實的畫面，這些收穫都是後續運用同理心設想的重要基礎。

每一次深入的、專注的觀察，都是快速的自我提升，透過觀察的發現與心得與知識互相應證，成為日後情境觀想的養分。經驗累積的過程如果善用眼睛所見，日後發想點子的價值一定高過於隨意撿拾的想法。回歸運用同理心映射到不同的情境，才能創造機會，進而才能辨識「真機會」與「假機會」的不同。

專注觀察，發掘需求，激發生活中的創意

大多數的創業者都是看見具體問題且投入心力的人，因為好的解決辦法必須進入那個情境氛圍才有辦法感受到確實的「需要」。舉例來說，今

天假設有個新的發明，是在一隻有支架的木棍上撐一塊布——這是你過去從來沒有用過的東西，別人告訴你，這個發明下雨天一定要帶著，很好用。但這些描述，依舊讓你丈二金剛摸不著頭腦，因為你無法「想像」這個物件怎麼「使用」？不過一旦真的下雨，你卻可能很自然地舉起來遮雨。當你在「情境」之中，自然就能理解物品與行為發生的原因，這也是同理心所能創造的部分。

好的創業想法來自於「深刻觀察」而產生的創意，把自己丟到不同的情境底下，創意將更蓬勃發展，如果經常心不在焉、未深入觀察外在事物，當然很難發現新的需求。唯有用心投入當前的情境，站在使用者的角度思考不同時空的狀況，才是挖掘創意的最好辦法。現代生活的節奏忙碌，我們經常專注在當下而忘了為未來找創意、挖掘需求，缺乏對未來時空的同理心，會錯失因為新刺激找到新創意的方法。

很多人談到對未來情境的「想像」，經常會舉電影《回到未來》作例子。電影中的情境不完全屬於天馬行空，因為場景中已經實際展現未來可能發生的情境，未來能做出來的機會比較高。當然想像的「情境」也需要實際的技術逐步支撐完成，否則在實踐上也會碰到無法可解的狀況。因此在尋找創意點子的過程中，應盡量從能力所及的地方開始，往外擴張，就可以避免發想的情境完全無技術支撐的問題。創業跟電影或創作的發想過程中最不一樣的地方在於，我們是否能清楚地抓出在未來時空中必定會遇到的問題。

至於問題怎麼定義？應該如何投入？我建議應該將專注力投射經驗多的、或是有經驗可以參考的類型，比較容易一步步執行達成。因為觀察、同理心而發現的問題，愈多的「經驗值」愈能夠提供我們做為判斷創意實際是否可行的參考根據。經驗有用與否、跟我們看的世界有多廣沒有關係，而是從既有的經驗中，「看見」或是「發現」什麼能「改變」的事，才是最重要的。

我們每個人都是不同的個體，有的人可能比較幸運，出生以來都沒有碰到很大的問題，但是看到別人的經歷，具備「同理心」的人就會換個角度想：「如果是我，我會怎麼做？」做到「換位思考」，練習想像可能的世界，將原本習以為常的事情，放入新的觀察點，能幫雙方都想到可能還沒有被挖掘的問題，這就是好的訓練和開始。

創意能培養嗎？換位思考、同理心是關鍵因素

創意能培養嗎？很多人會問這個問題，「同理心」就是一個很好的訓練，大家都可以透過這個訓練去培養創意，同理心可以因為不停的練習而磨利。日本知名的經濟趨勢專家大前研一，就有一個關於「同理心練習」的小故事：他以前在廣告顧問公司上班時，每次搭電車都會對著廣告看板，設想如果自己是那位廣告商，會提出什麼樣的建議？怎麼樣做得更好？這告訴我們，「同理心」是隨時都能在生活中應用的練習。

人雖然終究有生活範疇與經驗的極限，但每一個人在日常生活中一直在吸收新東西，不同生活環境成長的人，接觸外界的方式也當然不一樣。

都市成長的小孩可能是透過書本、電視等媒介，培養對外界的觀察力。鄉下成長的小孩觀察世界的方法可能是來自耆老的故事、對大自然環境的接觸。但最重要的重點都是：每個人都是看過去就算了，還是會停下來想一下為什麼？「觀察」不只是「看」，還要包括「思考」，看了之後必須回頭想，否則就只是瀏覽、掃描而已。

談到觀察力，不得不提「分享輪」做為範例。「分享輪」是做校園公共自行車服務的團隊，比 Ubike 還要早開始。他們最初的動機是看到台大校園內到處停放的腳踏車，因為隨著時間累積，成為無主的廢棄車輛，反而占用了停車空間。一般人只是覺得麻煩、沒有去「思考」，但是他們的關鍵就在於：他們開始發想，是不是有更好的方式能降低廢棄腳踏車的數量呢？如果要解決這個問題，應該創造什麼樣的環境與情境呢？如果我是一個喜愛校園的人，希望這個校園是什麼模樣？有腳踏車需求、也希望擁有乾淨校園的人，又會希望什麼樣的情境發生？

當時他們借用了「愛心傘」的概念，有使用需求的人就到固定地點借用，不用的時候就再將物件放回定點。只要製作獨特的識別標記，大家就會知道這是愛心腳踏車，也能避免腳踏車隨意停放的問題。「有用再借」，這樣的方式確實能有效減少腳踏車的閒置數量。不過腳踏車與傘的根本使用特性不同，並非應急物品而是經常使用的物品，於是他們第一版的構想是向總務處提案，希望由總務處在校園館舍定點，設立腳踏車站，可惜牽涉到用地問題，總務處不同意。

「分享輪」將思考方案轉了方向，他們決定先做出具有高度識別的腳踏車外觀設計，試營運一段時間後，發現把握減少腳踏車數量的原則，其實只要降低總體學生擁有車輛的比例即可。因此他們又發展出腳踏車長期出租的模式，以學期計算，從外籍學生的需求切入，減少外籍生買車的困擾，也直接降低了校園的車輛數。但車輛出租的收入有限，金流起不來，服務無法長久，他們於是開始思考：服務模式中有沒有其他得利者存在的空間？後來又想到醒目標的物的廣告通常吸睛效果也好，那是否能將廣告賣給專做學生市場的廠商呢？曝光與轉換計算模式都是參考 Google，以曝光計價。最後甚至可以採取「月租」的形式，吸引學生使用，衝高腳踏車在校園的占比，也有效地將服務版圖拓展至台大之外。

最早對於解決問題的熱情，讓他們持續堅持做到現在。他們運用了在校園生活的觀察與經驗，找到辦法解決校園廢棄腳踏車的問題，也完全符合「分享經濟」概念的商業模式。雖然腳踏車服務的單價不如 Airbnb 或 Uber 高，但「分享輪」也確實地實踐了「分享經濟」的概念。

LESSON 20

最重要的關鍵，是讓實踐與同理心並存

——陳良基

我們每一個人因為經驗、技術不一樣，對同一件事情想像的結果也會不同，換句話說，任何事情都沒有標準答案，差別只在於是否願意實際去嘗試、去實踐。好的創意需要對問題理解的背景知識，以及對生活深刻觀察的支持，理解不足經常造成對問題的洞察不足，想出來的解決辦法當然也無法令人驚艷，這樣的創意價值當然不高，做為創業標的恐怕也無法感動人。

從「Fersonal」、「聽力雲」、「好好鮮生」與「分享輪」這幾個新創團隊的經驗分析下來，可以證明很

多事情沒有去嘗試，永遠無法知道最終結果。許多高估值的公司的最初想法和創意也許很多人都想過，但差別在於「實踐」，這是我在創意創業課程中一直推廣的概念。當前多數的教育步調非常快，一直推著年輕學子往前走，經常聽到「快點念書考上好學校」、「快點念研究所，才能找到好工作」等這樣的說法。這樣的教育氛圍下，年輕的受教者也認為「不要停下來」是件理所當然的事，持續忙碌地往前跑。但忙碌不應該是目的，應該要想的問題是：「現在我的所學有沒有能幫助人的地方？如果有，是什麼？如果沒有，要怎麼補足？」但多數時候我們沒有這樣做，反而是漫無目標地往前衝。

台灣的教育需要改變，應著重獨立思考能力

在任何時刻，當知識增加、個人能力增加，停下腳步想一想，現在的自己是不是能夠做些什麼事，是不是能學習利用「同理心」，幫助別人有

不一樣的生活。Yahoo! 創辦人楊致遠當年還是研究生的時候，因為看到台灣大學生宿舍網路發達，學生接觸網路的可及性高，就啟發他去思考「如果未來大家都可以連上網，能做什麼事？」在當時，多數的使用需求是找資料，但資料一多就難找到真正需要的內容，因此當時楊致遠發想而設計出「黃頁」的檢索形式，設定好分類就能夠讓使用者自行找到資料，這是 Yahoo! 最早成功的關鍵。

講到這個例子，不免回頭想，台灣比美國更早擁有宿舍網路，但是為什麼我們在新世代的創業路上落後了？因為多數時候，我們只會「使用」。我們的教育沒有引導學生「思考」，而是把教育當作一項待辦事項，只要完成就好，整個社會也沒有這樣的學習氛圍，眾人的眼光自然也放在怎麼進好學校、怎麼考試的惡性循環，而非專注在學習哪些知識，以及應用知識上。

世界經濟論壇二〇一六年的報告《The Future of Jobs》就有提到未來職場的變化，其中很重要的一點是未來教育的改變，願意做更深入的設想，自然會有許多新的創意會發生。我們不一定要一直學習新事物才是有產出，把自己懂得的東西好好做深，也能解決很多問題，運用「同理心」觀察世界，就可以找到真正的需求，對社會做出貢獻。

照片提供：台大車庫

國家圖書館出版品預行編目資料

與其替老闆賣命，不如為自己拚命：台灣科技創新教父給青年的 20 堂創業課 / 陳良基總策劃；楊雅惠，魏妤庭，許瑞福採訪撰文 . -- 初版 . -- 臺北市：平安文化，2017.03
面； 公分 . --（平安叢書；第 550 種）（邁向成功；63）
ISBN 978-986-94066-6-6（平裝）

1. 創業 2. 職場成功法 3. 個案研究

494.1 106001136

平安叢書第 0550 種
邁向成功 63

與其替老闆賣命，不如為自己拚命

台灣科技創新教父給青年的20堂創業課

總 策 畫—陳良基
採訪撰文—楊雅惠、魏妤庭、許瑞福
發 行 人—平雲
出版發行—平安文化有限公司
台北市敦化北路 120 巷 50 號
電話◎ 02-27168888
郵撥帳號◎ 18420815 號
皇冠出版社（香港）有限公司
香港上環文咸東街 50 號寶恒商業中心
23 樓 2301-3 室
電話◎ 2529-1778 傳真◎ 2527-0904
總 編 輯—龔橞甄
責任編輯—陳怡蓁
美術設計—王瓊瑤
著作完成日期— 2016 年 11 月
初版一刷日期— 2017 年 3 月

法律顧問—王惠光律師

讀者服務傳真專線◎ 02-27150507
電腦編號◎ 368063
ISBN ◎ 978-986-94066-6-6
Printed in Taiwan
本書定價◎新台幣 280 元 / 港幣 93 元